U0156721

工业文化研究 2021年 第4辑

多样性的工业文化：红色基因与世界遗产

Study of Industrial
Culture 2021 No.4

彭南生　严　鹏　主编

上海社会科学院出版社
SHANGHAI ACADEMY OF SOCIAL SCIENCES PRESS

本刊编委会

主　编　彭南生　严　鹏

委　员　（按姓氏笔画排列）：

马　敏　华中师范大学中国近代史研究所

朱　英　华中师范大学中国近代史研究所

朱荫贵　复旦大学历史学系

孙　星　工业和信息化部工业文化发展中心

武　力　中国社会科学院当代中国研究所

贾根良　中国人民大学经济学院

编辑部　刘中兴　张　雪　关艺蕾　陈文佳

卷首语

彭南生

2020年，一场突如其来的新冠肺炎疫情肆虐全球，深刻地改变了历史的进程。华中师范大学中国工业文化研究中心地处武汉，在历史的风暴中自然首当其冲。2019年夏天，我们确立了将“世界遗产与工业遗产”作为《工业文化研究》第4辑的主题，并进行组稿，以配合将于次年在中国福州召开的第44届世界遗产大会。然而，疫情不仅使世界遗产大会延期至2021年召开，也打乱了《工业文化研究》第3辑的出版进度和第4辑的编辑工作。一方面，本应在2019年面世的《工业文化研究》第3辑推迟到了2020年10月方正式出版；另一方面，由于经费短缺、人手不足、计划进度延误等各种问题，2020年，中心实际上停止了刊物的编辑工作。这样一来，自2017年创刊便保持当年组稿、当年交付出版社出版的《工业文化研究》，出现了中断。

疫情汹汹，但在伟大的中国共产党领导下，英雄的中国人民排除万难，成功地抗击了疫情。2021年，中国共产党成立100周年，在这样具有历史意义的年份里，《工业文化研究》的重启，也别具纪念意义。历史与事实证明，工业文化的积累与工业基础的夯实，是我国成功抗击疫情所不可或缺的动员力量，而党的领导，是走中国特色新型工业化道路的根本保证。工业文化参差多态，它既蕴含于联结人类命运共同体的世界遗产里，又溶解在中华民族赓续百年的红色基因中。因此，在2021年这个特殊的重启时刻，《工业文化研究》第4辑的主题，自然而然选择了“红色基因与世界遗产”。王新哲的《党的领导是走中国特色新型工业化道路的根本保证》立论宏阔，分析深入，史论结合，具有很强的教育意义；陈文佳的《中国工业遗产与世界遗产：价值与展望》梳理了世界遗产中的工业遗产，并通过分析中国工业遗产与世界遗产价值的耦合度，为中国工业遗产的申遗提出若干理论建议，该文举出福建船政与安溪茶厂两处国家工业遗产的例子，恰与在福建召开的世界遗产大会相呼应；褚芝琳的《从世界遗产看中国黄酒工业遗产》以绍兴鉴湖酒厂这一黄酒行业的国家工业遗产为例，具体分析了中国工业遗产所蕴含的世界遗产的价值；曹福然的《世界遗产铁桥峡谷的工业遗产话语变迁研究》探讨了英国世界遗产铁桥峡谷遗产的话语变迁问题。

红色基因的传承要靠教育，研学教育是其中重要的形式。2019 年年底，华中师范大学中国工业文化研究中心的严鹏、刘玥等参与了工信部工业文化发展中心工业文化研学标准的制定工作。由工业文化发展中心孙星副主任与刘玥合撰的《论工业文化与研学教育相结合的意义》成稿于 2019 年上半年，是标准制定前的前期论证成果之一，具有理论参考价值与历史文献意义。

2019 年，华中师范大学中国工业文化研究中心与日本世界遗产富冈制丝厂达成了合作协议，即使在疫情的阻挠下，双方依然保持着信息沟通与刊物交换。本刊将从第 4 辑起，每辑刊发日本学者相关论文的译文，以期深化国内各界对世界工业遗产的认识并推动相关研究。

华中师范大学在中国的工业文化研究与实践中走在全国高校的前列，老校长章开沅先生给予了巨大的支持。2021 年 5 月 28 日，章开沅先生逝世，本辑特刊发中心副主任严鹏的纪念文章，既深切缅怀先生，又为中国工业文化事业的发展留存若干珍贵的史料。继续将中心办好，将刊物办好，就是我们对章开沅先生最好的纪念！

从 2021 年开始，《工业文化研究》将在每辑上标注年度。本刊将保证在该年度内交稿给出版社，由于出版流程等诸多客观条件限制，实际付印、出版进度或有延后，还请读者与作者以及所有关心本刊的朋友谅解！本刊也将力争在 2022 年恢复因疫情造成的进度等问题。

目 录

党的领导是走中国特色新型工业化道路的根本保证

王新哲*

解放和发展社会生产力是中国共产党的历史使命，也是中国特色社会主义的根本任务。习近平总书记指出："全面建成小康社会，实现社会主义现代化，实现中华民族伟大复兴，最根本最紧迫的任务还是进一步解放和发展社会生产力"；强调："经济工作是党治国理政的中心工作，党中央必须对经济工作负总责，实施全面领导。"工业是国民经济的主导，工业化是社会生产力大发展的显著标志，工业史是党史的重要组成部分。在中国共产党的坚强领导下，我国坚持走中国特色新型工业化道路，取得了举世瞩目的伟大成就，极大增强了我国的综合国力、国防实力和国际竞争力，显著提高了人民群众生活质量和水平，为我国实现从站起来、富起来到强起来的历史性飞跃提供了强有力支撑。我国工业的发展是一个具有恢宏史诗般的"中国故事"，是中国经济的脊梁，创造了世界工业史上的一个个"中国奇迹"，铭刻了筑梦路上一个个"中国印记"。我国工业的发展壮大，既是党领导全国人民推进中国特色社会主义伟大事业的一个重要成果，也是在党的领导下解放和发展社会生产力的一个重要体现。实践证明，党的领导始终是走中国特色新型工业化道路的根本保证。

---

* 王新哲，中央巡视组副部级巡视专员。

一 中国特色新型工业化道路的伟大历程

新中国成立之前，我国工业基础极为薄弱，设备简陋，技术落后。毛泽东曾经指出："现在我们能造什么？能造桌子椅子，能造茶碗茶壶，能种粮食，还能磨面粉，还能造纸，但是，一辆汽车、一架飞机、一辆坦克、一辆拖拉机都不能造。"在一穷二白的基础上，经过不懈努力，我国坚持走中国特色新型工业化道路，进行了艰辛的探索与实践。我国工业其实是一步步走过来的，是一年年熬出来的，是一代代人干出来的。

1931—1949年，党领导工业发展进行的积极探索。新民主主义革命时期，中国共产党人在谋求国家独立、民族解放的同时，就已经提出为将来由农业国向工业国转变做准备的问题。土地革命战争时期，根据地的工业建设在极其险恶的战争环境中白手起家、艰苦创业。1931年10月，中央革命军事委员会在江西建立了第一个规模较大的兵工厂——官田兵工厂，标志着根据地兵器工业的诞生。同年11月，中华苏维埃共和国成立，制定了工业政策和劳动政策。据不完全统计，到1934年2月，中央革命根据地17个县的手工业合作社有176个，规模较大的国营工厂有33家。抗日战争时期，为了适应战争的需要，中共中央制定了一系列抗战经济政策。在工业方面，大力推进军工建设，积极发展民用工业，陕甘宁边区和各抗日民主根据地的工业迅速发展起来。1939年夏天，党在山西辽县、武乡、黎城交界的黄崖洞建立兵工厂，这是抗战初期八路军最大的兵工厂之一。抗日战争时期党领导的工业建设的门类和企业的数量、规模均取得新发展，工业建设人才和专业干部大量涌现。解放战争时期，各解放区军民积极响应党中央的号召，以"战争就是命令""一切服从战争"的高度政治责任感开展工业生产。这时期党领导的工业战线呈现两个显著的特点：一方面是领导发动各解放区工业全力支持人民战争的胜利推进；另一方面是随着解放战争的节节胜利，党把工作重心由农村转向城市，开始没收官僚资本，建立国营工业企业，为实现农业国转向工业国，开展新中国大规模的工业建设创造条件。经过土地革命、抗日战争和解放战争三个历史时期的实践，党对领导各种经济成分，包括公营企业、私营企业，从建立制度到经营管理进行了有益探索；根据地、解放区的工业建设，包括军事工业和民用工业，均发展到一定规模。整个新民主主义革命时期，党领导的工业建设有力地支持了人民革命战争，并为以后新中国的工业建设奠定了一定基础，积累了宝贵经验。

新中国成立以来，我国工业建设大致经历了 3 个发展阶段：

第一阶段：1949—1978 年，通过优先发展重工业初步建成相对独立、比较完整的工业体系。新中国成立后，尽快建立起独立的工业体系成为经济建设的首要任务。综合考虑国内外形势，并借鉴苏联的经验，党中央确立了集中力量发展重工业的战略方针。从 1953 年起，围绕工业体系建设的战略目标，我国在苏联援助下启动建设 156 个重大项目。这些项目基本涵盖各个工业门类，其中 153 个为重化工项目。“一五”期间，我国工业生产能力迅猛增长，为推进国家工业化和国防现代化奠定了物质和技术基础。进入 20 世纪 60 年代，为应对可能的战争威胁，党中央作出开展“三线建设”的重大决策部署，通过向内地迁建和新建企业，在中西部地区逐步建成了以重工业为主导的战略后方基地。同时，党中央还作出突破国防尖端技术的战略决策，大力发展国防工业，成功研制“两弹一星”，极大增强了国防科技工业实力，有力提升了我国的国际地位。70 年代，我国进行了两次大规模的技术引进，引进美国、联邦德国、法国等发达国家的成套技术设备。这一轮技术引进，有效促进了冶金、石化等基础工业发展，缩小了与世界先进水平的差距，更为重要的是，初步建立了与西方发达国家的经贸合作关系。这一时期，我国实行高度集中的计划经济体制，国有和集体企业是推动工业发展的绝对主导力量，初步完成了工业化的原始积累，为此后几十年经济建设打下了较好基础。

第二个阶段：党的十一届三中全会至党的十八大，依靠改革开放释放工业发展活力，完成了从小到大的跨越。党的十一届三中全会以来，我国开始由计划经济逐步向市场经济转变，工业管理体制不断调整，工业发展焕发出巨大生机与活力。从 1978 年开始，我国逐步推进以国有企业改革为主的工业经济体制改革，放开价格管制，国有企业逐渐成为自主经营、自负盈亏的市场主体。进入 90 年代，党的十四大作出建立社会主义市场经济体制的决定，从根本上突破了“计划多一点还是市场多一点”的思想束缚，经济体制改革得以深入推进，极大释放了工业经济发展活力，生产能力大幅提升，产品供需格局发生根本转变，彻底告别了“短缺经济”。1990 年我国制造业增加值占全球的比重为 2.7%，居世界第九位；2000 年提高到 6%，上升到世界第四位。与此同时，不断扩大对外开放，从建设经济特区、沿海开放城市到建立各类开发区，开放范围逐步由沿海向内地延伸。尤其是 2001 年我国加入世贸组织之后，国际化步伐明显加快，依托低成本优势，大量承接国际产业转移，深度融入全球产业分工体系。2004 年，我国制造业规模超过德国，居世界第三；2007 年超过日本，居世界第二；2010 年超过美国，跃居世界第一。这一时期，在市场化和国际化双轮驱动下，我国重工业快速发展，消费品工业也得到持续较快增长，基本建成了全世界最完整的现代工业体系。

第三个阶段：党的十八大至今，以供给侧结构性改革为主线推进工业转型升级，开启了由大变强的征程。党的十八大以来，以习近平同志为核心的党中央作出加快建设制造强国的重大战略决策，为新时代我国工业体系建设指明了方向。这一时期，大力实施制造强国战略，着力增强制造业核心竞争力。2015 年，我国正式实施制造强国战略。6 年来，在各方面的共同努力下，制造强国建设取得了显著成效，设立了国家新兴产业引导基金，制造业创新中心建设、工业强基、智能制造、绿色制造和高端装备创新等五大工程全面推进，工业互联网、人工智能、大数据等新一代信息技术加速发展，工业智能绿色转型效果明显，打好产业基础高级化、产业链现代化攻坚战取得积极成效，部分领域基础零部件、基础材料和基础工艺等“卡脖子”问题逐步得到解决，一批高端装备领域创新发展取得重要突破，制造业高质量发展迈出坚定步伐。大力推进“三去一降一补”，着力化解钢铁、煤炭等行业产能过剩，逐步扭转了低水平竞争局面，促进了重点行业脱困升级和集约发展；着力深化“放管服”改革，工业企业税费、融资、物流及制度性交易成本不断降低；着力补齐制约产业发展的突出短板，全面提高产品和服务质量。坚定不移扩大对外开放，开放合作层次显著提升，一般制造业有序开放，电信领域开放持续扩大，与“一带一路”沿线 30 多个国家签署产能合作协议，高铁、核电、通信设备和工程机械等成体系“走出去”，中国制造在全球产业链供应链中的地位和影响力持续攀升。

二 中国特色新型工业化道路取得的伟大成就

在党的坚强领导下，经过艰苦奋斗和不懈努力，我国坚持走中国特色新型工业化道路，建立起了独立、完整的工业体系，成为世界第一制造业大国，成为世界第二大经济体，不仅为实现中华民族伟大复兴的中国梦奠定了坚实的物质基础，也让全球消费者享受到了最具性价比的工业产品，为推动构建人类命运共同体作出了重要贡献。工业强大的竞争力已经成为我国综合国力提升的重要基础，成为我国参与全球竞争的最大底气。

（一）现代工业体系全面建成

新中国成立以来，我国钢铁、有色、机械、纺织等传统产业加快发展、日益壮大，电子信息、航空航天、原子能、生物医药等新兴产业从无到有、发展迅速。目前，我国已拥有 41 个工业大类、207 个中类、666 个小类，成为全世界唯一拥有联合国产业分类中所列全部工业门类的国家。正因为我国工业体系完善，2020 年初新冠疫情发生后，口罩、防护服、呼吸机、额温枪等医疗物资产能产量才能快速提升，为做好疫情防控工作奠定了坚实基础。习近平总书记在全国抗击新冠肺炎疫情表彰大会上就强调，我们长期积累的雄厚物质基础、建立的完整产业体系、形成的强大科技实力、储备的丰富医疗资源为疫情防控提供了坚强支撑。

（二）工业规模跃居全球首位

1952 年我国工业增加值为 120 亿元，2020 年达到 31.3 万亿元。根据世界银行数据，2010 年我国制造业增加值超过美国成为第一制造业大国，标志着自 19 世纪中叶以来，经过一个半世纪后我国取得了世界第一制造业大国的地位。2020 年我国制造业对世界制造业贡献的比重接近 30%，连续 11 年成为世界最大的制造业国家。500 多种主要工业产品中，我国有 220 多种产量居世界首位，生产了全球超过 50% 的钢铁、水泥、电解铝，60% 的家电，

70%的化纤、手机和计算机。2020年世界500强企业中，中国大陆（含香港）企业124家，加上台湾地区企业9家，共计133家，继2019年之后再次超过美国（121家）。上榜的中国企业中，64家是制造业企业，涉及石油石化、钢铁、通信设备、工程机械、纺织、汽车等领域。

（三）重点领域创新发展实现重大突破

经过长期的不懈努力，我国工业创新能力明显提升。特别是党的十八大以来，随着创新驱动发展战略深入实施，重大科技成果竞相涌现。移动通信领域，5G国际标准必要专利占比全球领先，基于蜂窝移动网络的车联网无线通信技术成为国际标准并加速产业化。航空航天航海领域，天宫、蛟龙、大飞机等相继实现突破，载人航天、载人深潜等一批具有标志性意义的重大科技成果不断涌现，“雪龙2”号成功交付，国产航母顺利下水。轨道交通领域，“复兴号”动车在世界上首次实现时速350公里自动驾驶功能。新能源汽车领域，乘用车量产车型续驶里程达500公里以上，动力电池单体能量密度达270瓦时/千克。高端机床装备领域，8万吨模锻压力机、12米级卧式双五轴镜像铣机床、1.5万吨航天构件充液拉深装备等成功研制。新材料领域，C919用材、8.5代基板玻璃等实现突破。特别是5G、北斗、核电、高铁等领域正由“跟跑者”向“并行者”“领跑者”转变。

（四）多种所有制企业竞相发展

改革开放之前，我国工业基本上是单一的公有制经济，国有企业占绝对主导地位。党的十一届三中全会以后，我国实行改革开放政策，促进多种所有制经济发展，激发了各类市场主体活力。国有企业在优化调整中不断发展壮大，2020年国有企业利润总额34 222.7亿元，国资系统80家监管企业进入《财富》世界500强。民营企业成为社会主义市场经济的重要组成部分，贡献了50%以上的税收、60%以上的国内生产总值、70%以上的技术创新成果、80%以上的城镇劳动就业和90%以上的企业数量。中小企业茁壮成长，仅“十三五”期间，培育“专精特新”企业2万多家，遴选“小巨人”企业248家和单项冠军企业417家，一些科技型独角兽企业形成了自己的核心技术和重要影响力。外资企业成为我国经济建设不可或缺的重要力量，2020年我国实际使用外资同比增长4%，达到1 630亿美元，外资流入规模再创历史新高。我国吸收外资全球占比大幅提升，已经高达19%。

（五）工业发展方式深刻变革

我国工业在规模不断扩大的同时，通过新技术新理念的推广应用，向智能化、数字化、绿色化和服务化转型步伐加快，新技术新产业新业态新模式层出不穷，可持续发展能力显著增强。比如，智能制造方面，实施智能制造工程，协同研发制造在航空、航天、汽车等领域日益兴起，工业互联网应用于能源、机械、家电等行业。截至2020年12月，企业数字化研发设计工具普及率和关键工序数控化率分别为73.0%和52.1%，重点行业骨干企业“双创”平台普及率85.4%，具有一定行业、区域影响力的工业互联网平台超过70个，网络化协同制造、个性化定制、服务化延伸等新模式在重点行业快速普及。据测算，2020年我国数字经济规模超过39万亿元，位居全球第二，占GDP比重接近39%。绿色制造方面，节能环保、清洁生产等绿色工艺和技术装备水平稳步提升，单位工业增加值能耗明显下降。2016—2019年全国规模以上企业单位工业增加值能耗下降16%，万元工业增加值用水量下降27.5%。服务型制造方面，服装大规模个性化定制、工程机械全生命周期管理、轨道交通总集成总承包等快速发展，陕鼓、酷特智能、三一重工等制造企业已从过去单纯提供产品向提供产品和服务转变。随着工业发展方式的变革，我国经济增长已经从主要依靠工业带动转为工业和服务业共同带动，从主要依靠投资拉动转为消费和投资一起拉动。

（六）产业国际竞争力不断增强

改革开放以来，我国积极顺应全球化趋势，深度融入世界经济体系，制造业国际竞争力有了大幅提升。“引进来”方面，基本实现了全面放开一般制造业，1978—2000年累计吸引非金融类外商直接投资超过2.3万亿美元，在引进资金的同时也引进了技术、管理、品牌，使我国迅速融入全球产业分工体系，成为“世界工厂”。“走出去”方面，涌现了一批以航天科技、华为、海尔、中车等为代表的领军企业，高铁、核电、通信设备等成体系走出国门，对外直接投资实现跨越式增长。对外贸易方面，货物出口总额从 1950 年的 11.3 亿美元增长到 2020 年的 25 906.46 亿美元，自 2009 年起连续稳居全球货物贸易第一大出口国地位。加工贸易占外贸总额的比重明显下降，由 20 世纪 90 年代的超过 70%降到 2020 年的 23.8%。

（七）工业精神得到传承弘扬

我国工业精神发轫于艰苦卓绝的革命战争年代，形成于波澜壮阔的社会主义建设时期，体现了以爱国主义为核心的民族精神和以改革创新为核心的时代精神，是社会主义核心价值观的重要组成部分。中国工业精神的内涵包括自力更生、艰苦奋斗、开拓创新、爱国敬业、担当奉献。工业战线涌现出的大庆精神、铁人精神、“三线”精神、“两弹一星”精神、载人航天精神、探月精神、航空报国精神、北斗精神、劳模精神、工匠精神等汇成了独具中国特色的工业精神，涌现出一大批劳动模范，也留下了大量承载工业文化的物质、制度和精神财富。新中国工业发展的伟大精神，充分体现了中国特色社会主义文化的先进性，弘扬和发展了中国特色工业文化，为推动我国工业高质量发展提供了强大的精神动力。

三　党的领导是走中国特色新型工业化道路的根本保证

在我国工业化进程中，党领导全国人民从基本国情出发，在不同的历史阶段采取了不同的发展战略，从优先发展重工业到轻重工业并重，再到走中国特色新型工业化道路，推动我国工业实现从无到有、从小到大的历史性跨越。党中央的战略决策引领了我国工业开启由大到强的新征程。特别是党的十八大以来，在国内外经济形势严峻复杂、不稳定性不确定性明显增强、风险挑战持续加大的背景下，我国工业发展之所以能取得辉煌成就，是以习近平同志为核心的党中央坚强领导的结果，是习近平新时代中国特色社会主义思想科学指引的结果。

（一）坚持发展为先，扭住经济建设不放松

发展一直居于新中国成立以后我党执政的中心。早在1949年3月，党的七届二中全会就提出把我国由落后的农业国转变为先进的工业国的路线方针。党的十一届三中全会作出了以经济建设为中心的重大决策之后，党中央又提出“发展才是硬道理”“发展是执政兴国的第一要务”，后来又提出科学发展观、新发展理念、新发展格局，为我国工业发展营造了良好的政策环境。党的十八大以来，习近平总书记高度重视发展实体经济，多次强调“工业是我们的立国之本”“一定要把制造业搞上去”。2017年修订的《党章》明确要求，促进新型工业化、信息化、城镇化、农业现代化同步发展，走中国特色新型工业化道路。习近平总书记围绕加快推进新型工业化、振兴制造业提出了一系列新思想、新论断、新要求，为坚持走中国特色新型工业化道路提供了根本遵循。

（二）坚持深化改革，激发市场主体活力

改革开放前，高度集中的计划经济体制为构建独立完整的工业体系奠定了坚实基础。改革开放后，在继续发挥社会主义集中力量办大事的制度优势的同时，逐步建立并完善社会主义市场经济体制。党中央强调以经济体制改革为重点，发挥经济体制改革牵引作用，着力使市场在资源配置中起决定性作用和更好发挥政府作用，提出并推进供给侧结构性改革、深化国资国企改革、发展混合所有制经济、共建“一带一路”、设立自由贸易试验区等新理念新举措，推动国有企业、财税金融、科技创新、土地制度、对外开放等领域具有牵引作用的改革不断取得突破，加快政府职能转变，深化落实“放管服”改革，努力营造良好营商环境，激发出各类市场主体的潜能与活力，形成了促进工业发展的强大合力。特别是新型举国体制和社会主义市场经济的完美结合，是我国取得诸多重大科技创新成果的制胜法宝。

（三）坚持扩大开放，融入全球产业分工体系

20世纪50年代的“引进来”拉开了现代工业体系建设的序幕；80年代

的“引进来”构建了“三来一补”的加工组装型产业体系；加入世贸组织后的“引进来”使我国融入全球经济大循环。这三轮“引进来”在不同时期都加快了我国现代工业体系建设进程。改革开放后，我国加快了从产品、产能“走出去”到技术、资本、品牌“走出去”的步伐，参与国际产业分工的能力显著增强。党的十七大提出“引进来”和“走出去”相结合，积极参与国际经济合作和竞争。2013年习近平总书记提出了“一带一路”倡议并付诸实施。党的十八届三中全会明确提出构建开放型经济体制。党的十八届五中全会将“开放”列为五大发展理念之一。党的十九大强调推动形成全面开放新格局。党的十九届五中全会提出构建以国内大循环为主体、国内国际双循环相互促进的新发展格局。对外开放水平的全面提升，推动我国工业深度融入全球产业体系，为工业由大变强提供了广阔市场和强大动力。

（四）坚持科教兴国，夯实产业发展战略支撑

新中国成立以后，独立自主的创新模式有力支撑了国防科技工业体系建设和基础工业发展。改革开放以来，党明确了科学技术是第一生产力，教育是国家发展的百年大计，先后实施科教兴国、创新驱动发展等一系列重大战略，不断完善激发创新活力的体制机制，构建国家制造业创新体系。2006年，中共中央明确提出建设创新型国家的任务。2013年，习近平总书记指出，科教兴国已成为我国的基本国策，我们将秉持科技是第一生产力、人才是第一资源的理念。党的十九大报告指出，创新是引领发展的第一动力，是建设现代化经济体系的战略支撑。强调要“坚定实施科教兴国战略”。在科技创新的有力支撑和高素质劳动力的大力支持下，我国工业中高技术制造业和装备制造业比重大幅提升，战略性新兴产业发展迅猛，科技和教育对产业结构优化升级的支撑作用日益凸显，科教兴国成了支撑我国工业发展取得奇迹的重要因素。

（五）坚持融合发展，加快工业体系重构

新中国成立后，党中央高度重视发展计算机、半导体、通信等信息技术产业。改革开放后，组织实施了一系列重大工程，推动信息技术改造提升传统产业。党的十六大提出“以信息化带动工业化，以工业化促进信息化”；

党的十八大提出“信息化与工业化深度融合”；党的十九大进一步提出“推动互联网、大数据、人工智能和实体经济深度融合”。党中央始终坚持推动信息技术与制造业融合，以此重塑工业产品形态、生产工具、生产方式和创新模式，加快推进现代工业体系建设。

（六）坚持群众路线，让发展成果更多更公平地惠及全体人民

改革开放前，通过大力发展工业特别是制造业，努力满足了老百姓衣食住行等基本需求。改革开放后，通过优先发展轻工业，告别了“短缺经济”，极大改善了人民群众生活。在解决了“有没有”的问题后，我国加快发展电子信息、家电、汽车等工业，满足消费升级需求。进入新时代后，适应我国社会主要矛盾变化的特点，顺应人民群众对美好生活的向往，加快推进工业转型升级，加强产品质量品牌建设，着力提高中高端消费品供给能力，着力解决“好不好”的问题，有效满足了人民群众日益增长的个性化、多层次产品和服务需求。

（七）坚持依靠工人阶级，充分发挥主力军作用

工人阶级是我国工业化进程的见证者、创新者、建设者。新中国成立后，我们党确立了广大企业职工的地位，巩固和健全了社会主义性质的国有企业生产关系和管理制度，出台了各项生产改革规定，比如提出增长节约目标、鼓励技术创新和新的工作方法、开展生产竞赛等，激发了工人阶级的生产积极性，有效地提升了劳动生产率，提高了企业发展的质量和效益。改革开放以后，特别是党的十八大以来，深化产业工人队伍建设改革，提升职工创新创造活力。广大职工牢固树立主人翁意识，大力弘扬劳模精神、劳动精神和工匠精神，踊跃投身“一带一路”、京津冀协同发展、长江经济带发展、粤港澳大湾区建设等国家战略，开展技术革新、技术协作、发明创造、合理化建议等活动，在振兴实体经济、实现高质量发展等方面取得了优异成绩。特别是在探月工程、C919 大型客机、首艘国产航母、港珠澳大桥等一系列科技创新和重大工程建设中，广大职工迸发出火热的劳动激情，为推动工业经济持续健康发展贡献了智慧和力量。

（八）坚持反腐倡廉，有力保障工业经济持续健康发展

新中国成立后，我们党先后开展了以整顿党的作风为主要内容的整风运动、“三反”运动、“五反”运动，以及新“三反”运动和新的反贪污运动，纯洁了党的组织和政府机关，净化了社会风气。改革开放后，我们党把端正党风、严肃党纪作为加强执政党建设的头等大事，把反腐败贯穿于改革开放全过程，纠正经济领域的不正之风，保证了改革开放和社会主义现代化建设的顺利进行。党的十七大把反腐倡廉建设与党的思想建设、组织建设、作风建设和制度建设一起，确定为党的建设的基本任务。党的十八大以来，我们党坚定不移全面从严治党，坚定不移惩治腐败，持之以恒纠治“四风”，深化政治巡视，一体推进不敢腐、不能腐、不想腐，巩固发展反腐败斗争取得压倒性胜利，不仅营造了风清气正的政治生态，也为党中央重大决策部署在工业行业的贯彻落实提供了坚强保障，纪检监察机关监督保障执行、促进完善发展作用得到了充分发挥。

四　“十四五”时期我国新型工业化的主要任务

尽管我国坚持走中国特色新型工业化道路取得了显著成就，积累了许多成功经验，但也要清醒地看到，中美经贸摩擦将长期持续，我国工业日益面临发达国家和其他发展中国家的“前后夹击”，同时支撑我国工业发展的低成本优势渐失与要素资源环境约束趋紧同步叠加，总的看来，当前正处于爬坡过坎、攻坚克难的关键时期，面临的形势复杂严峻。

“十四五”时期是我国开启全面建设社会主义现代化国家新征程、向第二个百年奋斗目标进军的第一个五年。党的十九届五中全会擘画了“十四五”乃至更长时期发展的宏伟蓝图，强调坚持把发展经济的着力点放在实体经济上，坚定不移建设制造强国、网络强国、质量强国和数字中国。我国工业行业要深刻认识肩负的责任与使命，在党的坚强领导下，坚持以习近平新时代中国特色社会主义思想为指导，胸怀“两个大局”，立足新发展阶段、贯彻新发展理念，更加重视统筹推进“五位一体”总体布局，更加重视协调

推进“四个全面”战略布局，以供给侧结构性改革为主线，以国内需求为牵引，进一步加强制造强国和网络强国建设，推进制造业质量变革、效率变革、动力变革，打好产业基础高级化和产业链现代化攻坚战，加快建设现代化产业体系，促进形成以国内大循环为主体、国内国际双循环相互促进的新发展格局，推动我国工业发展实现新的跨越。

重点做好以下八个方面工作：

（一）实施国家供应链竞争战略，统筹建设和完善国际国内两个产业循环

产业链供应链是大国经济循环畅通的关键。一方面，发挥强大国内市场优势，扩大高水平开放，提升产业国际循环竞争力，吸聚全球高端要素和先进制造业在我国布局，引导国内不具备优势的产业向东南亚等周边地区有序转移，推动构建以我为主的产业国际循环；另一方面，实施重点领域强链补链工程，大力发展5G+工业互联网，在战略必争领域加快构建自主可控、安全高效的国内供应链体系，畅通产业国内循环，增强产业链供应链韧性、自主性和灵活性，提高应急保障能力。同时，加强产业链供应链风险管理，绘制产业链数字图谱，提高科学决策和精准治理能力。

（二）系统优化制造业创新链，全面提升自主创新能力

充分发挥社会主义市场经济条件下的新型举国体制优势，大力实施创新驱动发展战略，推进创新链、产业链、资金链、政策链、人才链深度融合，加强关键核心技术攻关，解决“卡脖子”问题。强化基础研究和应用基础研究，完善以国家重点实验室、制造业创新中心为节点的共性技术创新网络，全面提升企业创新能力，构建产业创新生态。健全以企业为主体、市场为导向、产学研深度融合的技术创新体系，提升创新链整体效能。加强计量、标准、检验检测、认证认可等质量基础设施建设。完善政府采购等制度，强化知识产权保护，形成自主创新产品应用和迭代改进的良好环境。

（三）组织产业基础再造工程，促进产业基础高级化

制定发布关于提升产业基础能力的意见。以企业为主体，以产业链协同创新为抓手，以政策协同为保障，组织实施产业基础再造工程。开展产业基础攻关提升行动，构建协同创新、人才保障两大平台，打造质量服务保障、大中小企业协作配套等体系，着力补短板，强优势，提质量，优生态，构建系统完备、协同高效、支撑有力的产业基础体系。

（四）提升存量与开拓增量并举，推进产业结构优化升级

完善高中低端产业发展布局，发展好传统制造业，巩固和提升完整产业链。实施传统产业改造升级工程，推进新技术新工艺新设备在传统产业应用，提高传统产业质量、效率和效益。深入开展质量提升行动，实施中国品牌培育工程，提升“中国制造”美誉度。加快新一代通信技术、新材料、高端装备、生物医药等重点领域创新发展，加强人工智能、增材制造、区块链、量子信息、无人驾驶等新兴领域产业链布局，推动构建满足多层次消费需求的产业体系。

（五）实施“智能+”和“绿色+”战略，大力发展先进高效的新型制造能力

大力推进数字产业化和产业数字化，加快推动数字经济与制造业深度融合。深入实施智能制造工程，拓展“智能+”创新和集成应用，加快5G、工业互联网等建设部署，实施中小企业数字化赋能专项行动，推动制造业数字化网络化智能化转型。构建绿色制造体系，推进重点行业绿色化升级，发展绿色产品和绿色供应链。大力发展服务型制造，推动先进制造业与现代服务业深度融合，培育网络化协同、个性化定制、全生命周期管理等新业态新模式。

（六）优化制造业空间布局，推动各地区协同发展。引导各地区基于主体功能定位良性竞争，协同发展

促进产业、资源向京津冀、长三角、粤港澳大湾区、成渝双城等重点区域和中心城市集聚，增强重点区域产业聚合力和辐射带动力，打造高质量发展增长极。创建一批国家制造业高质量发展试验区。实施先进制造业集群发展专项行动，推动形成若干个具有国际竞争力的先进制造业集群。优化中西部地区和东北地区营商环境，制定差异化支持政策，搭建多层次产业转移对接平台，推动产业国内有序转移。

（七）促进大中小企业融通发展，健全产业组织体系

选择一批行业龙头企业，优化“一企一策”服务，在竞争中发展具有国际竞争力的跨国公司。加强产品质量安全监管和质量文化建设，切实推动经济高质量发展。实施专精特新“小巨人”企业培育提升工程，着力发展一批专注细分领域、具有独特专长的中小企业。以先进制造业集群建设为抓手，支持大中小企业以及科技、金融、人才等形成深度融通的发展关系。大力弘扬企业家精神，培育一批有国际视野的企业家。

（八）健全发展先进制造业的体制机制，持续完善产业发展环境

突出制造业在国民经济发展中的重要地位，把保持制造业增加值占 GDP 合理比重作为经济社会发展的一项长期战略目标。进一步深化财税、科技、金融、人才等领域改革，促进科技创新、现代金融、人力资源与制造业协同发展，推动金融、房地产和实体经济实现再平衡。完善高标准市场体系，加快要素配置市场化改革，强化竞争政策基础性地位，推进产业政策向普惠化、功能性转型，营造有利于公平竞争的市场化、法治化、国际化营商环境。

我国工业发展的伟大实践，充分体现了走中国特色社会主义道路的正确性，充分彰显了中国特色社会主义的道路自信、理论自信、制度自信和文化自信。读史明理、读史知责。我们要高举习近平新时代中国特色社会主义思想伟大旗帜，进一步增强“四个意识”、坚定“四个自信”、做到“两个维护”，不断提高政治判断力、政治领悟力、政治执行力，牢记我国工业发展的初心和使命，传承我国工业红色基因，砥砺前行、奋发作为，不断开创中国特色新型工业化发展新局面，更好支撑我国经济社会高质量发展，为实现“两个一百年”奋斗目标、实现中华民族伟大复兴的中国梦作出新的更大贡献。

中国工业遗产与世界遗产：价值与展望

陈文佳*

摘　要　工业遗产是工业文化的载体，具有见证人类工业文明的文化意义，需要保护和传承。联合国教科文组织评选的世界遗产是当今最具官方性与权威性的遗产评定标准，其评判标准与现存的中国工业遗产有相近的价值取向，以评选世界遗产作为保护和利用目标，有利于国家工业遗产发挥其价值和效用。

关键词　世界遗产　工业遗产　工业文化　国家工业遗产

工业遗产是工业文化的载体，具有见证人类工业文明的文化意义，和其他的文化遗产一样需要保护和传承，它不是单纯的废厂房与旧机器，而是工业文化集体记忆的体现，具有弘扬工业精神的功能。工业遗产具有复杂的价值体系，并依据不同的评价标准进行认定。从联合国遴选出的世界遗产，到每个国家的中央政府评选出的国家工业遗产或“国宝”级工业遗产，再到某个城市改造利用的相对普通的旧厂房，从事评价的主体不同，进行评价的标准相异，工业遗产或广义工业遗存所凸显的价值就不同。在目前的遗产价值评定体系中，联合国教科文组织评选的世界遗产即世界文化遗产和世界自然遗产，最具官方性与权威性。尽管中国工业遗产的认定与相关工作不应以世界遗产为准绳，但世界遗产

* 陈文佳，华中师范大学中国工业文化研究中心。

无疑提供了一种参考系。本文拟以世界遗产的价值评定标准来审视中国工业遗产的价值所在，并展望其更广阔的保护与利用前景和入选世界遗产的可能性。

一　世界遗产中的工业遗产

《世界遗产名录》（The World Heritage List）是1976年世界遗产委员会成立时建立的。世界遗产委员会隶属于联合国教科文组织，该组织于1972年11月16日在第十七次大会上正式通过了《保护世界文化和自然遗产公约》（以下简称《公约》）。其目的是为了保护世界文化和自然遗产。中国于1985年12月12日加入《公约》，1999年10月29日当选为世界遗产委员会成员。被世界遗产委员会列入《世界遗产名录》的地方，将成为世界级的名胜，可接受“世界遗产基金”提供的援助，还可由有关单位组织游客进行游览。由于被列入《世界遗产名录》的地方能够得到世界的关注与保护，提高知名度并能产生可观的经济效益和社会效益，各国都积极申报“世界遗产”。在目前的遗产价值评定体系中，联合国教科文组织评选的世界遗产即世界文化遗产和世界自然遗产，最具官方性与权威性，因此成为世界遗产是工业遗产得以被保护和利用的重要方式。

（一）世界遗产的评选价值

世界遗产的认定本身就是一种价值评判。可以说，世界遗产保护事业的兴起，也是工业文明乡愁的产物。1972年11月16日，联合国教科文组织大会第十七届会议在巴黎通过了《保护世界文化和自然遗产公约》，称“注意到文化遗产和自然遗产越来越受到破坏的威胁，一方面因年久腐变所致，同时变化中的社会和经济条件使情况恶化，造成更加难以对付的损害或破坏现象”，而“考虑到部分文化或自然遗产具有突出的重要性，因而需作为全人类世界遗产的一部分加以保护”[①]。这就阐明了保护世界遗产的动机与意义。

---

① 北京大学世界遗产研究中心编：《世界遗产相关文件选编》，北京大学出版社2004年版，第3页。

该公约的第1条如此定义“文化遗产”，将文化遗产划分为文物、建筑群和遗址三种类型：“文物：从历史、艺术或科学角度看具有突出的普遍价值的建筑物、碑雕和碑画、具有考古性质成分或结构、铭文、窟洞以及联合体；建筑群：从历史、艺术或科学角度看在建筑式样、分布均匀或与环境景色结合方面具有突出的普遍价值的单立或连接的建筑群；遗址：从历史、审美、人种学或人类学角度看具有突出的普遍价值的人类工程或自然与人联合工程以及考古地址等地方。”[①] 该定义显然侧重于物质类的文化遗产，其核心为“突出的普遍价值”，但事实上，由于文化的多元性及遗产的地方性，最难评价的也就是“突出的普遍价值”。

《保护世界文化和自然遗产公约》规定，在联合国教科文组织内建立一个保护具有突出的普遍价值的文化和自然遗产政府间委员会，称为“世界遗产委员会”。该委员会委员的选举须“保证均衡地代表世界的不同地区和不同文化”。公约的缔约国应尽力向世界遗产委员会递交一份关于本国领土内适于公约所界定的遗产的“财产的清单”，而根据该清单，世界遗产委员会应制定、更新和出版一份《世界遗产名录》。[②]《世界遗产名录》是具有门槛的，“并非保护所有具有突出利益性、重要性或价值的遗产，而只是保护从国际角度看最具有突出意义的遗产”[③]。于是，世界各地的遗产申请列入《世界遗产名录》，也就成了一种国际政治。兹将世界文化遗产即可以列入《世界遗产名录》的文化遗产的基本标准摘录如下：“i. 代表一项人类创造智慧的杰作；或 ii. 展示在一段时间内或一个世界文化时期内在建筑或技术、纪念性艺术、城镇规划或景观设计中的一项人类价值的重要转变；或 iii. 反映一项独有或至少特别的现存或已消失的文化传统或文明；或 iv. 是描绘出人类历史上（一个）重大时期的建筑物、建筑风格、科技组合或景观的范例；或 v. 是代表了一种（或多种）文化，特别是在其面临不可逆转的变迁时的传统人类居住或使用土地的突出范例；或 vi. 直接或明显地与具有突出普遍重要意义的事件、生活传统、信仰、文学艺术作品相关（委员会认为本

---

① 北京大学世界遗产研究中心编：《世界遗产相关文件选编》，第4页。
② 北京大学世界遗产研究中心编：《世界遗产相关文件选编》，第5—6页。
③ 北京大学世界遗产研究中心编：《世界遗产相关文件选编》，第15页。

条标准只适用于在特殊情况下承认列入《名录》，并与其他文化或自然财产标准联合使用）。”①

除上述标准外，世界遗产委员会还规定了真实性、产权和保护机制等方面的标准，但上述摘录的标准体现了对遗产的文化内涵的价值判断。如果拿上述标准来审视工业遗产，则可以被评为世界遗产的工业遗产的价值，从理论上说，主要可体现于五个方面：（1）该工业遗产在技术与产品创新等方面有突出表现，可以被视为“人类创造智慧的杰作”；（2）该工业遗产的历史工业建筑在设计与风格上具有开创性；（3）该工业遗产能反映工业史乃至整个人类历史的某一发展阶段的特点，成为某一时代的标志性符号；（4）该工业遗产能体现某种特殊的或已经消失的生活方式；（5）该工业遗产与重大历史事件有直接关联。当然，所有这些评判标准，都具有相当的主观性，很难被量化。进一步说，工业遗产所包含的不同要素，契合于世界遗产的不同标准，并对应着工业遗产自身的不同价值。表1简单分析了符合世界遗产标准的工业遗产的要素。

表1　符合世界遗产标准的工业遗产的要素

工业遗产要素	契合的世界遗产标准	对应的工业遗产价值
技术、产品、工程	人类创造智慧的杰作	技术价值
建筑	建筑物、建筑风格的范例	技术价值、美学价值
景观	景观的范例	美学价值、文化价值
历史、文化	与具有突出普遍重要意义的事件相关	历史价值、文化价值

（二）世界遗产中的工业遗产统计

工业是一个复杂的体系，不仅不同国家与地区的工业经济各具特色，即使在同一国家或地区内部，工业经济也往往是由多样化的企业构成的复杂生态体系。工业生态体系的复杂性导致了工业遗产的参差多态。对工业的概念解释外延不同，则对工业遗产的理解不同。从18世纪中叶起，人们开始用

① 北京大学世界遗产研究中心编：《世界遗产相关文件选编》，第18—19页。

机器制造物品，人们的制造能力有了极大的提升，这种新的制造活动被称为工业，以区别于过去靠手工劳作的制造活动。所以，工业在本质上是人类利用自然的劳动的一种形式，为的是满足人类的生存与生活的需要。工业通常被定义为："以机器和机器体系为劳动手段，从事自然资源的开采，对采掘品和农产品进行加工和再加工的物质生产部门，统计上，工业领域通常包括对自然资源的开采、对农副产品的加工和再加工、对从采掘品的加工和再加工以及对工业品的修理和翻新等部门。"① 由此可见，机器和机器体系为劳动手段，是某种行业能被认定为工业不可或缺的条件。然而，历史的发展自有其复杂性，手工业与工业绝非简单地进化与更替，两者之间有着密不可分的关系。许多诞生于工业时代之前的制造业，尽管以传统手工生产作为基本形式，但因其功能上与工业相重合，同时具备了孕育工业的精神内涵，或在工业革命之后仍与机械生产方式并存，在对工业精神的历史追溯中，也可以将前工业时代的传统手工业遗产视为工业遗产。此外，还有一类遗产作为工业时代的某种工业技术运用下的产物，或促进工业发展交流的物质基础和交通条件，也可被视为工业遗产，如工业时代的桥梁、运河、铁路等。由此，对世界遗产中的工业遗产的整理，将其分为传统工业遗产、现代工业遗产和其他类型的工业遗产三种类型。

1. 传统工业遗产

对于工业革命前的传统手工业是否应算作工业，目前各界尚缺乏共识。依据经典的马克思主义理论，现代大工业与传统手工业判然有别。但是，工业考古学自诞生之初，就把其研究对象上溯至石器时代。不管怎么说，在实践中，物质性的传统手工业遗存经常被视为工业遗产。现代工业依据产品服务的领域被划分为轻工业和重工业。尽管传统手工业与现代工业具有较大差异，但也可以划分为生产生活资料的行业和生产生产资料的行业。生产生活资料的传统手工业行业包括纺纱、织布、刺绣、酿造、药材、陶瓷以及杂货制造等，这些行业的主体在工业时代或者被大工业淘汰，或者演变为工艺美术产业，并形成非物质文化遗产。生产生产资料的传统手工业则

① 金碚主编：《新编工业经济学》，经济管理出版社2005年版，第15页。

主要为矿冶业。传统手工业遗产是广义工业遗产的一部分。表2是世界遗产中的传统工业遗产。

表2 世界遗产中的传统工业遗产

国别	名 称	遗 产 描 述	价值	类型
波兰	维利奇卡和博赫尼亚盐矿	维利奇卡和博赫尼亚皇家盐矿展示了从13世纪到20世纪欧洲采矿技术发展的历史阶段。这些地下走廊、地下房间的布置和装饰方式反映了矿工的社会和宗教传统、工具和机械，以及几个世纪以来管理这个盐场的城堡建筑，为开采地下岩盐所涉及的社会技术系统提供了重要的证据	abcd	传统工业遗产
挪威	勒罗斯采矿重镇	勒罗斯自从17世纪这里的矿藏被发现，一直开采到1977年，历经300年的时间。1679年城镇遭到瑞典军队的破坏，后全部进行了重建。城里有80多座木结构的房屋，其中的大部分带有院落，有许多建筑仍然保留着褪色的涂了沥青的原木，具有中世纪特有的风貌。今已成为一部17世纪中期以来采矿社会生活活着的历史，现在勒罗斯的主要经济活动已不再是铜矿开采，而是旅游业	bcd	传统工业遗产
法国	阿尔凯特瑟南斯皇家盐场	阿尔凯特瑟南斯皇家盐场始建于路易十六统治时期的1775—1779年，是用来生产、制造盐的皇家盐场，海水通过木制管道运到这里，进行加工、处理。它也是出自著名建筑大师克劳德·尼古拉斯·杜勒（1736—1806）的杰作，是18世纪欧洲工业建筑史上的一个重大成就，反映了启蒙的进步思想	abcd	传统工业遗产
智利	亨伯斯通和圣劳拉硝石采石场	亨伯斯通和圣劳拉硝石采石场地处智利北部的阿他加马沙漠中，位于塔拉帕卡大区伊基克城东48公里处，包括亨伯斯通和圣劳拉的200多座硝石采石场。从1880年开始，成千上万名来自智利、秘鲁和玻利维亚的矿工就在这样恶劣的环境下生活和工作了60多年，开采世界上最大的硝石矿，生产化肥硝酸钠，用于改造北美洲和南美洲以及欧洲的农田，并为智利创造了巨大财富。在长期的共同劳作和生活中，这些矿工创造了独特的社区文化并形成了与不公正现象作斗争的团结精神，为智利历史书写了重要的一页	cd	传统工业遗产
斯洛文尼亚和西班牙	水银遗产：阿尔马登与伊德里亚	这一遗产包括阿尔马登和伊德里亚的水银采矿遗址，阿尔马登早在古代就已开始提取这里的汞矿，伊德里亚则是在1490年首次发现汞的存在。西班牙的遗产部分包括展现采矿历史的建筑物，如雷塔马尔城堡、宗教建筑和传统民居等。伊德里亚遗址以当地水银商店和基础设施，以及矿工宿舍、矿工剧院等为主要特点。这一遗产见证了水银的洲际贸易，以及数百年间在此基础上发展起来的欧洲与美洲重要交流史。这两处遗址是世界上两座最大的汞矿，成为一种业已消失的技术工业文化的见证，对它们的开采一直延续到了不久之前	abcd	传统工业遗产

续表

国别	名　称	遗 产 描 述	价值	类型
比利时	帕拉丁工场-博物馆综合体	帕拉丁工场-博物馆综合体位于比利时安特卫普市，建于文艺复兴和巴洛克时期。这是一家印刷出版工场，其中与凸版印刷术的发明和传播史息息相关。遗址的名字源于 16 世纪下半叶最伟大的印刷出版家克里斯托弗 · 帕拉丁（1520—1589）。帕拉丁工场-博物馆综合体的建筑有着卓越的建筑价值，这个建筑充分展示了 16 世纪末欧洲出版印刷业的欣欣向荣。此印刷出版工场的出版工作一直持续至 1867 年。遗址的建筑涵盖一个大型的古老印刷仪器收藏，包括 2 个世界上现存的最古老的印刷机、一个大型的图书馆、一些珍贵的档案以及艺术作品	ac	传统工业遗产

资料来源：整理自联合国教育、科学及文化组织编著《世界遗产大全》（第二版）。

2. 现代工业遗产

现代工业遗产指的是狭义上的工业遗产，即工业革命在世界各地发生之后不断更迭的工业化所造成的遗留物，其机械化的生产方式、大工厂的组织形式和现代主义的工业美学诠释了真正意义上的现代工厂。其中一部分遗产是工业社会的原生产物，诞生于 18 世纪之后，另一部分则是传统工业在工业时代的新发展，是该行业从传统手工业转变为现代工业的证明，在工业史上，手工业和工业两者之间长期共存，由手工业向工业的转化是渐进的，这就使得一些传统手工业遗产与现代工业遗产杂交并处，呈现出传统与现代的相融。表 3 是世界遗产中的现代工业遗产。

表 3　世界遗产中的现代工业遗产

国别	名　称	遗 产 描 述	价值	类型
英国	乔治铁桥	铁桥峡谷是工业革命的象征，它包含了 18 世纪推动这一工业区快速发展的所有要素，包括矿业和铁路工业。附近有 1708 年建成的煤溪谷的鼓风炉，以纪念此地焦炭的发现。连接铁桥峡谷上的桥是世界上第一座用金属制成的桥，它对科学技术和建筑学的发展产生了巨大影响	acde	现代工业遗产
	布莱纳文工业景观	布莱纳文工业景观位于威尔士南部，卡地夫北方 25 英里处，里德河源头。布莱纳文周围地区证明了在 19 世纪，南部威尔士是世界上主要的铁和煤的生产地。今天，人们还可以看到所有必要的证据：煤矿和矿石矿、采石场、一个原始铁路系统、炉膛、工人的家和他们社区的社会基础结构。目前这些矿坑和厂房都已关闭，成为供后人参观回味的“铁工厂博物馆”	cd	现代工业遗产

续表

国别	名　称	遗 产 描 述	价值	类型
英国	德文特河谷工业区	德文特河谷位于苏格兰中部，拥有大量兴起于18—19世纪的棉纺织工厂，是一个具有重要历史意义和重大科技影响力的工业景区。德文特河谷工业区有着现代工厂的原型。正是在这里，理查德·阿克莱发明的纺纱技术被首次投入工业化生产并得到广泛应用，这个乡村小城第一次有了大规模的工业制造。由于工人和工厂管理者急需大量的住宅和工厂设备，促使当时许多新类型建筑的产生，这种需求进而导致了早期现代化工业城市的诞生。工厂的工人宿舍群和其他一些纺织厂至今仍然保存完好，见证了这个地区社会经济的发展	acde	现代工业遗产
	康沃尔和西德文矿区景观	康沃尔和西德文矿区景观体现了康沃尔郡和西德文郡对于英国其他地区工业革命做出的巨大贡献，以及该地区对全球采矿业产生的深远影响。由于18世纪到19世纪早期铜矿和锡矿开采迅速发展，康沃尔和西德文的大部分景观发生了很大变化。地表深处的地下矿井、动力车间、铸造厂、卫星城、小农场、港口和海湾，以及各种辅助性的产业都体现了层出不穷的创新，正是这些创新使该地区在19世纪早期生产了全世界2/3的铜。19世纪60年代，该地区的采矿业逐渐衰落，于是大量矿工迁移到其他具有康沃尔传统的矿区生活和工作，比如南非、澳大利亚、中美洲和南美洲，采矿技术得以传播到各地，这些地方仍然保留着康沃尔式的动力车间	acd	现代工业遗产
德国	弗尔克林根铁工厂	弗尔克林根铁工厂占地6公顷，是一座超过百年历史的炼钢厂，构成了弗尔克林根市的主体部分。尽管这个工厂已经停产，但它仍然是整个西欧和北美地区现存唯一一处保存完好的综合性钢铁厂遗址，在这里，可以了解所有生铁原料到完成的各种状态。直至今日，这座炼钢厂仍是欧洲最重要的工业文化点，而且是欧洲工业文化路线的重要停泊点，向人们展示着19世纪和20世纪时期建造和装备的钢铁厂风貌	acd	现代工业遗产
	埃森的矿业同盟工业区景观	埃森的矿业同盟工业区坐落于德国西部鲁尔区工业中心，拥有历史煤矿工业区的完整结构，代表了世界工业发展的一个巅峰。这些20世纪的建筑物展现出极高的建筑工艺，是“现代运动”的建筑理念运用于纯工业化环境的杰出典范。工业区的景观见证了过去150年中曾经是当地基础工业的煤矿开采业的兴盛与衰落，展现了采矿业从最初的人工开采到机器开采的技术进步。整个工业区里面的原始矿坑、炼焦厂、铁路线和相关的住宅房屋皆保存完好	abcd	现代工业遗产
	阿尔费尔德法古斯工厂	法古斯工厂位于德国下萨克森州莱茵河流域的阿尔费尔德，是现代建筑与工业设计发展的一个里程碑。位于法古斯制鞋工厂建筑，以世界上第一座玻璃幕墙建筑而跻身于世界遗产。法古斯工厂的设计者是20世纪初著名的现代主义建筑师格罗皮乌斯。1910年，他与建筑师梅耶尔合作，在柏林开设建筑事务，次年为法古斯工厂设计了这座建筑。它的整个立面是以玻璃为主的，采用了大片玻璃幕墙和转角窗，在建筑的转角处没有用任何支撑。这样的设计构思在建筑史上还是第一次。这个工厂的建筑形态是现代主义建筑的开山之作	bc	现代工业遗产

续表

国别	名　称	遗 产 描 述	价值	类型
意大利	克雷斯皮达阿达	克雷斯皮达阿达是 19 世纪晚期“企业生活区”的杰出典范，至今仍保存得完好无损。现在，其一部分仍用于工业。整个建筑群以规则的几何形铺展开来，被主道从卡普里尔特处分为两部分，是一位名为克雷斯皮的纺织品制造商，在其工厂周围为工人建起的工业街区	cd	现代工业遗产
芬兰	韦尔拉木料木板工厂	韦尔拉木料木板工厂是小规模农村工业居住区的杰出典范，这些居住区与 19—20 世纪早期繁荣于北欧和欧洲的纸浆、纸和木板生产相联系。19 世纪 70 年代上半叶，基米河谷开始工业革命并建立了大量的蒸汽锯木厂、木料工厂和木板工厂，这是芬兰经济史上最重大的现象之一。20 世纪，整个工业遗产博物馆作为工业遗产博物馆被保存了下来	acde	现代工业遗产
比利时	拉卢维耶尔和勒罗尔克斯中央运河上的 4 座船舶吊车	拉卢维耶尔和勒罗尔克斯中央运河上的 4 座船舶吊车代表了将工程技术运用于运河开创的极致。在 19 世纪末左右所修建的 8 座水上船舶吊车中，仅有这 4 座保持了原有的工程条件，它们与运河本身及其附属建筑物一起构成了 19 世纪晚期的工业景观，保存完好	acd	现代工业遗产
	瓦隆尼亚的主要矿区遗迹	入选遗产由 4 处矿区遗址组成，分别分布在一条 170 千米长、3—15 千米宽的地带上，自东向西横跨比利时的埃诺省、那慕尔省和列日省，包含 4 处矿区（格兰德-霍尔努矿区、布瓦杜吕克矿区、卡齐尔矿区和布雷尼矿区）。在比利时开采的 19 世纪早期至 20 世纪下半叶的煤矿中，这几处矿区是现存最完好的。作为一个全球性煤矿开采系统，比利时的矿区作为原型被广为流传和借鉴，而这 4 处矿区也是比利时当代保存最完整的代表典范。格兰德-霍尔努矿区和布瓦杜吕克矿区的设计受到启蒙时代兴起的建筑及城市风格的影响，这一风格与当时人们对工业及工业城市所持有的乌托邦式幻想紧密相连。其中，尤为突出的是建筑师布鲁诺・雷纳德于 19 世纪上半叶设计的格兰德-霍尔努矿区及工业城市。现在，布瓦杜吕克矿区仍保存有大量于 1838—1909 年建造的建筑物，这个矿区是 17 世纪末欧洲开放时间最早的矿区之一。通过来自其他地区（如 19 世纪弗兰德地区）的工人，以及 20 世纪欧洲各地移民的迁入，瓦隆尼亚地区成为最古老也最重要的文化交融地带之一。该遗址群见证早期工业革命的技术，记录了欧洲大陆工业革命之后采矿业的发展，在技术和社会层面上发挥了重要的示范和带头作用	abcde	现代工业遗产
荷兰	迪・弗・伍达蒸汽泵站	迪・弗・伍达蒸汽泵站于 1920 年开始运营，是有史以来最大的蒸汽泵站，至今仍在运转中。这一蒸汽泵站展示了当时荷兰工程师和建筑学家为保护人民和土地与海水进行斗争所做出的极大贡献，蒸汽在荷兰被首次用来作为水利管理时的动力工具。该站在 20 世纪的 60 年代，一直是依靠煤炭资源运行的。1967 年，在靠煤运行 47 年后，该站锅炉被重建以改烧油	acde	现代工业遗产

续表

国别	名　称	遗 产 描 述	价值	类型
荷兰	范内勒工厂	范内勒工厂设计和建造于20世纪20年代，位于鹿特丹西北部的西班斯波尔德工业区，是20世纪工业建筑的典范。复杂的厂区、钢铁和玻璃外墙以及大规模应用的玻璃幕墙，使得范内勒工厂成为一个通向广阔世界的“理想工厂”。工厂内部的工作空间契合需要，利用日光为人们提供愉悦的工作环境	bc	现代工业遗产
瑞典	法伦的大铜山采矿区	法伦的大铜山采矿区是瑞典最古老、最重要的采矿区，也是世界工业发展的一座里程碑。大铜山采矿业早在9世纪就已开始，一直持续到20世纪末。17世纪时，法伦地区的铜矿产量高达全世界总量的70%，采矿业成为当时瑞典的支柱产业，对其成为欧洲的重要力量发挥了关键作用。整个法伦地区的景观都是围绕着铜矿开采和铜矿生产的，17世纪开始规划的法伦镇有许多精美的历史性建筑，成为主要的产铜基地，加之达拉纳地区工业经济时代和家庭经济时代的大量居民遗址，体现了铜工业从“乡村工业”逐渐发展成为成熟的工业化生产的过程，在大量的工业、城市等遗迹中，展示给世人一幅几个世纪前世界上最重要的采矿区的生动画面	abcd	现代工业遗产
	恩格尔斯堡钢铁厂	恩格尔斯堡是17—19世纪有影响的欧洲工业建筑群的一个突出典范，其重要的遗留技术及相关的行政和居住建筑物完好无损。它是保存最完好、最完整的钢铁厂典范。这种钢铁厂使瑞典在两个世纪里在钢铁领域的经济得以首屈一指。自13世纪以来，当地农民就在挖掘并冶炼矿物，但直到中世纪晚些时候才引进了水车，以给熔炉和铁锤做动力，钢铁工业开始大力发展。第一家条形铁锻造车间在16世纪最后几年里于恩格尔斯营业，到17世纪中期，其营业规模就已经很大了	acd	现代工业遗产
法国	加来北部的采矿盆地	保存完好的加来北部的采矿盆地是历时300年的煤矿开采活动造就的采矿和工业景观的典范。矿井、升降设施、渣堆、密集分布的工人住房和采矿城镇的城市规划构成了这里的特色景观。在这里，采矿业在人们日常生活、矿工生活水平、社会事件及安全事故等方面带来了重大的经济影响，也影响了当地文化价值的形成。加来北部采矿盆地的特色包括采矿厂（最早的一个建于1850年）及其矿井升降设施、渣堆（有些占地面积超过0.9平方千米，高140多米）、煤矿运输设施、火车站、矿主及经理住宅、工人住房及采矿村。采矿村又包括学校、宗教建筑、卫生和社区设施等	acd	现代工业遗产

续表

国别	名　称	遗 产 描 述	价值	类型
智利	苏埃尔铜矿城	苏埃尔铜矿城位于兰瓜卡东部60千米处，始建于1905年，是布瑞登铜业公司在厄尔特尼恩特这一世界最大的地下铜矿中为工人修建的工房。在当地劳动力与工业化国家的资源相融合，开采和冶炼高价值自然资源的过程中诞生了这个小镇，它是位于世界偏远地区的企业生活区的杰出典范。小镇沿着从火车站升起的庞大的中心阶梯而建，地势非常陡峭，轮式车辆根本无法抵达。沿着大路分布着种有观赏树木和植物的不规则方形区域，构成了小镇的主要公共活动区或广场。离中央阶梯不远，环山小路通往较小的广场和连接小镇其他区域的二级阶梯。沿街建筑是原木搭建的，通常漆成鲜艳的绿色、红色和蓝色。在高峰时期，苏埃尔拥有15 000名居民，但在20世纪70年代小镇的大部分都被废弃了。苏埃尔是20世纪唯一一座为全年度使用而在山区建造的大规模工业采矿定居点	abcd	现代工业遗产
日本	富冈制丝厂及丝绸产业遗产群	“富冈制丝厂和丝绸产业遗产群”是以贡献于高品质生丝产业化生产的“技术革新”以及日本与世界的“技术交流”为核心的近代丝绸产业文化遗产。日本开发的生丝产业化技术，不仅将局限于极小部分特权阶层的丝绸生产普及到全世界，更为营造人类的丰硕生活和文化作出了贡献。富冈制丝厂与三座养蚕关联遗址（田岛弥平旧宅、高山社遗址、荒船风穴）共同见证着历史的变迁。这处遗产位于东京西北部的群马县，是一个历史悠久的养蚕和缫丝厂综合体，建于19世纪末和20世纪初。它由四个地点组成，对应于生丝生产的不同阶段：一个大型的生丝缫丝厂，其机械和工业技术是从法国进口的；一个生产蚕茧的实验农场；一所传授养蚕知识的学校；一个蚕卵冷藏设施。这个地点显示了日本渴望迅速获得最佳大规模生产技术的愿望，并在19世纪最后25年成为复兴蚕桑业和日本丝绸工业的决定性因素。富冈丝绸厂及其相关场所成为生产原料丝绸的创新中心，标志着日本进入现代工业化时代，成为世界上主要的生丝出口国，尤其是对欧洲和美国	ac	现代工业遗产

资料来源：整理自联合国教育、科学及文化组织编著《世界遗产大全》（第二版）。

3. 其他类型的工业遗产

这一类遗产包括某一项技术在工业时代的迅猛发展而留下的发明成果或工业时代的重大交通工程、通信工程与象征着工业文明的钢铁桥梁。它们虽然不是直接的工业生产遗存，但也是工业文化的一部分，同样反映了工业文明的特征和工业社会的发展历史。表4为世界遗产中的其他类型的工业遗产。

表 4　世界遗产中的其他类型的工业遗产

国别	名　称	遗 产 描 述	价值	类型
法国	南运河（米迪运河）	米迪运河从 1667 年开始修建，1681 年竣工，连接地中海和大西洋，是欧洲近代最重要的土木工程之一。其河道由 5 部分构成：240 公里的主河道，36.6 公里的支线河道，两条引水用的水源河道及两小段连接河道，共计 360 公里，另外包括运河上的 328 座各类船闸、渡槽、桥梁、泄洪道和隧道等建筑工程设施，其中船闸就有 65 座。它代表着内陆水运技术在工业社会发展到的新水平，突出了运河本身的水利工程性质和技术特色，为工业革命开辟了一条航线。运河设计师皮埃尔·保罗·德里凯创造性的构思，使运河与周边环境巧妙地融为一体，从而产生一种和谐美的效果，堪称建筑技术史上的佳作	ab	其他类型的工业遗产
奥地利	塞梅宁铁路	塞梅宁铁路建于 1848—1854 年，穿行于崇山峻岭中，全长 4 100 米，是自铁路建设开创阶段以来最伟大的土木工程壮举之一。坚固的隧道、稳固的高架桥以及其他高质量的工程，使它沿用至今。铁路沿途景色雄伟壮观。铁路的开通，使许多娱乐场所得以开放	ab	其他类型的工业遗产
印度	印度山线铁路	印度山线铁路包括三条铁路，其中大吉岭喜马拉雅铁路是第一条，也是最著名的一条，堪称山区客运铁路的典范。大吉岭喜马拉雅铁路自 1881 年开始运行，设计使用大胆而巧妙的机车系统，解决了穿越美丽的山区、因地形起伏而要求的机车有效牵引难题。尼尔吉利铁路是一条 46 公里长的窄轨单线铁路，位于泰米尔纳德邦，其建造设想于 1854 年提出，但因山势险峻所造成的困难，工程直至 1891 年才开工，1908 年竣工。这条铁路高度从 326 米升至 2 203 米，代表了当时的最高水平。卡奥卡-西姆拉铁路是一条 96 公里长的窄轨单线铁路，在 19 世纪中叶与高海拔的西姆拉镇连接通车，成为技术和建造材料突破的象征。目前这三条铁路均全线运行	ab	其他类型的工业遗产
瑞典	威堡（瓦尔贝里）广播站	威堡广播站位于瑞典南部哈兰省格里默通市，建于 1922—1924 年，是早期无线电通信的完好见证。该站由无线发射设备组成，包括 6 座高达 127 米的发射铁塔。尽管已经不再正常运转，但所有设备都保存如初。占地 109.9 公顷，除了放置原先的亚历山德森发射装置的建筑，包括发射塔及其天线和短波发射机及其天线之外，还有员工的住宅。该遗产地是电信事业发展的杰出代表，并且是现存唯一基于前电气技术建造的主要发射站	a	其他类型的工业遗产
西班牙	比斯卡亚桥	比斯卡亚桥位于西班牙北部巴斯克自治区西北部比斯卡亚省的毕尔巴鄂市，由巴斯克建筑师阿尔贝托·德·帕拉西奥设计，于 1893 年完工。桥高 45 米，跨度 160 米，融合了 19 世纪的钢铁传统和当时新兴的螺纹钢筋轻质技术。比斯卡亚桥是世界上第一座供行人和车辆通过的高空拉索桥，欧洲、非洲和南、北美洲的很多大桥都是仿照该桥建造的，不过保存至今的为数不多。由于别出心裁地使用了螺纹钢筋轻质技术，比斯卡亚桥被誉为工业革命时代最杰出的钢铁建筑之一	ab	其他类型的工业遗产

续表

国别	名　称	遗 产 描 述	价值	类型
英国	旁特斯沃泰水道桥及运河	旁特斯沃泰水道桥及运河工程于19世纪早期竣工，是工业革命时期土木工程的典范之一，它是工程技术前沿杰作，也是一座具有里程碑意义的金属建筑，由著名工程设计师托马斯·特尔福德和威廉·杰索普设计完成。得益于英国钢铁业独特的产量和产能，修筑拱门时使用了轻盈、刚劲的生铁和熟铁，从而保证整体效果非同凡响、别具一格。这一创新的集合体，为世界各地多处项目激发了灵感	ab	其他类型的工业遗产

资料来源：整理自联合国教育、科学及文化组织编著：《世界遗产大全》（第二版）。

（三）入选世界遗产的工业遗产的特点

在目前的世界遗产中，能被认定为前工业遗产和工业遗产的约有28处，其中欧洲地区占24处，亚洲地区占2处，美洲地区占2处，绝大多数为工业时代的遗产，其主要形式包括工厂遗址（如德国弗尔克林根铁工厂）、工人生活区（如意大利克雷斯皮达阿达）、工业技术遗产（如比利时拉卢维耶尔和勒罗尔克斯中央运河上的4座船舶吊车）、工业美学典范（如德国阿尔费尔德法古斯工厂）、工业建筑成果（如西班牙比斯卡亚桥）以及工业区整体景观（如英国德文特河谷工业区）等。从表2至表4中可看出以下特点：

1. 欧洲地区拥有数量最为丰富的现代工业遗产

由于西方国家率先掀起工业革命，在世界范围内具有创新性与代表性的工业遗产主要集中于西方国家，入选世界遗产的工业遗产亦以位于欧洲者居多，其中英国4处，德国3处，比利时2处，荷兰2处等。这些遗产多是18—20世纪的工业遗存，见证了传统工业发展到现代工业的巨变，具有深刻的历史价值。例如，在工业革命的起源地英国就拥有三种工业遗产，乔治铁桥（Ironbridge Gorge）作为世界第一座铸铁桥梁，是工业革命的象征，其所在地区还有焦炭炼铁鼓风炉、采矿小城和瓷器厂改建的瓷器博物馆等工业遗迹，栩栩如生地总结了整个工业革命的进程，顺理成章入选了世界遗产，其入选标准为："人类创造性的天才杰作；价值的交融；人类历史的典范；与具有普遍意义的事件相关联。"①

① 联合国教育、科学及文化组织：《世界遗产大全》（第二版），钟娜等译，安徽科学技术出版社2016年版，第239页。

英国的德文特河谷工业区（Derwent Valley Mills）是一处位于苏格兰中部的世界遗产，当地在18—19世纪兴起了大量棉纺织工厂，正是在这里，阿克莱特发明的纺纱技术被首次运用于生产之中，一些工厂和工人住所完好地保存至今，叙述着德文特经济和社会发展的历史。该处工业遗产入选世界遗产的标准是："价值的交融；人类历史的典范。"[①] 布莱纳文工业景观（Blaenavon Industrial Landscape）亦是一处入选了世界遗产的英国工业遗产，位于南威尔士，当地曾是19世纪时世界最大的钢铁和煤矿生产基地，遗址内有一切必备的工地景象，如矿场、采石场、原始的铁路运输系统、熔炉及工人生活区和工会组织。该处入选标准为："文化传统的见证；人类历史的典范。"[②]

2. 类型丰富，形式多样

从上述表中可以看出，工业遗产的类型丰富，形式多样。矿场、盐场、水银工场等前工业时代的传统工业遗存，大多展现了机器生产出现之前，人类在生产方面的非凡创造力。而诸如工厂、工业建筑群、工人居住区在内的各种现代工业景观，则凸显了工业时代的巨变。还有工业时代的桥梁、铁路、运河等交通设施，它们既是工业生产的成果，是当时先进技术应用的典范，也是带着工业时代印记的独特景观。它们共同构筑了一个正蓬勃发展着的工业社会的图景。

3. 注重通过展现工人居住区来肯定工业文明的进步性

工业发展极大地解放了人类社会生产力，它作为一种经济活动，既创造了新的工作场所和工作种类，也改变了人类的生活方式。在现有的工业遗产中，许多包括了工人的居住区，它们与工厂是一体的。例如意大利的克雷斯皮达阿达和智利的苏埃尔铜矿城。克雷斯皮达阿达是19世纪晚期"企业生活区"的杰出典范，至今仍保存得完好无损。现在，其一部分仍用于工业。1878年，一位名为克雷斯皮的纺织品制造商，在其厂周围为其工人建起了3层多的多户住宅。当他的儿子1889年接管工厂时，他完成并改变了这个工程。他摒弃了大的多户住宅，采用了带独立花园的单户住宅。他认为这种住

① 联合国教育、科学及文化组织：《世界遗产大全》（第二版），第675页。
② 联合国教育、科学及文化组织：《世界遗产大全》（第二版），第620页。

宅有利于和谐，还可以防止工业冲突。除了小房屋外，他还建造了一座给工人免费供电的水力发电厂、一家诊所、公共厕所、餐具洗涤室、一所学校和小剧院、一个运动中心、当地牧师和医生的住宅和其他公共服务设施，可谓一应俱全。整个建筑群以规则的几何形铺展开来，被主道从卡普里尔特处分为两部分。工厂是一个单独的小街区，有着中世纪的装饰，位于主道的一边。房屋建在长方形格子状的道路中，排成 3 行，位于主道的另一边。在其工厂周围为工人建起的工业街区。该处入选标准为："人类历史的典范；传统的人类居住地。"①

4. 年代跨度大，具有动态发展的历史阶段性

在某些入选的工业遗产中存在一类情况，它们的历史可以追溯到前工业时代，是传统产业向现代工业过渡的典范，体现了工业在某一种古老的生产方式上施加的惊人的变化。例如位于瑞典的法伦的大铜山采矿区是瑞典最古老、最重要的采矿区，同时也是世界工业发展的一座里程碑。大铜山采矿业早在 9 世纪就已开始，一直持续到 20 世纪末。17 世纪时，法伦地区的铜矿产量高达全世界总量的 70%，采矿业成为当时瑞典的支柱产业，对其成为欧洲的重要力量发挥了关键作用。整个法伦地区的景观都是围绕着铜矿开采和铜矿生产的，17 世纪开始规划的法伦镇有许多精美的历史性建筑，成为主要的产铜基地，加之达拉纳地区工业经济时代和家庭经济时代的大量居民遗址，体现了铜工业从"乡村工业"逐渐发展成为成熟的工业化生产的过程，在大量的工业、城市等遗迹中，展示给世人一幅几个世纪前世界上最重要的采矿区的生动画面。该处入选标准为："价值的交融；文化传统的见证；传统的人类居住地。"② 这种变化，恰恰体现了工业景观具有动态发展的特征，在不同的历史阶段，呈现出不一样的风采。

5. 具备多维度的价值取向，是人文价值、技术价值和美学价值的统一

综合上述表所见，被评定为世界遗产的工业遗产，都毫无例外地体现了影响深远的人文价值，这种价值不仅体现在它们的文化内涵，也体现在对人

---

① 联合国教育、科学及文化组织：《世界遗产大全》（第二版），第 465 页。

② 联合国教育、科学及文化组织：《世界遗产大全》（第二版），第 667 页。

类的创造力的赞美，既包括了技术的革新，也肯定了工业时代随之产生的美学观念的更替。其中，荷兰的迪·弗·伍达蒸汽泵站、比利时的拉卢维耶尔和勒罗尔克斯中央运河上的4座船舶吊车技术价值最为突出。迪·弗·伍达蒸汽泵站于1920年开始运营，是有史以来最大的蒸汽泵站，至今仍在运转中。1998年根据文化遗产遴选依据标准（i）（ii）（iv），迪·弗·伍达蒸汽泵站被联合国教科文组织世界遗产委员会批准作为文化遗产列入《世界遗产名录》，该处入选标准为："人类创造性的天才杰作；价值的交融；人类历史的典范。"这一蒸汽泵站展示了当时荷兰工程师和建筑学家为保护人民和土地与海水进行斗争所作出的极大贡献。本是为了解决荷兰的自然灾害而建立的抽水站，技术的发展解决了困扰人们许久的疑难，可谓鲜明地体现了人在与自然斗争中重新发现自我、释放潜力的人文价值。[①] 该遗产与荷兰本土的自然环境结合在一起，展现出工业发展对荷兰这个随时可能遭受水患的低地国家的重要作用。比利时的拉卢维耶尔和勒罗尔克斯中央运河上的4座船舶吊车代表了将工程技术运用于运河开创的极致，作为工程学上的奇迹，它们是人类智慧的结晶，1998年根据文化遗产遴选依据标准（iii）（iv）入选《世界遗产名录》，该处的入选标准为"文化传统的见证；人类历史的典范"[②]。

而德国的阿尔费尔德法古斯工厂和荷兰的范内勒工厂都代表着现代主义美学与工业文明的结合。法古斯工厂的设计者是20世纪初著名的现代主义建筑师格罗皮乌斯。1910年，他与建筑师梅耶尔合作，在柏林开设建筑事务，次年为法古斯工厂设计了这座建筑。它的整个立面是以玻璃为主的，采用了大片玻璃幕墙和转角窗，在建筑的转角处没有用任何支撑。这样的设计构思在建筑史上还是第一次。这个工厂的建筑形态是现代主义建筑的开山之作。2011年根据文化遗产遴选依据标准（ii）（iv），阿尔费尔德的法古斯工厂被联合国教科文组织世界遗产委员会批准作为文化遗产列入《世界遗产名录》。该处入选的标准为"价值的交融；人类历史的典范"[③]。

---

① 联合国教育、科学及文化组织：《世界遗产大全》（第二版），第566页。
② 联合国教育、科学及文化组织：《世界遗产大全》（第二版），第554页。
③ 联合国教育、科学及文化组织：《世界遗产大全》（第二版），第826页。

二　中国工业遗产概况和申遗展望

中国是一个工业大国，有着丰富的工业遗产，分布于全国各地。这些工业遗产见证了中国工业史，传承着中国的工业精神，是开展工业旅游与工业文化研学的重要资源。从工业发展的历史脉络来看，中国的工业遗产可以分为传统手工艺遗产、晚清洋务企业遗产、近代民族工业遗产、近代外资工业遗产、新中国156项目企业遗产、社会主义建设工业遗产、三线建设企业遗产、改革开放工业企业遗产等。这一分类自然不是唯一的标准，但如果将工业精神视为工业遗产的核心价值，那么，包含着工业精神流变的工业史，是一种合适的定位工业遗产的时间坐标。目前的世界遗产名录中还尚未有中国工业遗产入选，但以目前入选世界遗产的其他国家的工业遗产的情况看，中国的国家工业遗产大有申遗的希望。本文拟以福建的两个国家工业遗产福建船政工业遗产和安溪茶厂工业遗产为例，对中国工业遗产与世界遗产进行价值耦合分析。

（一）福建船政工业遗产的价值

洋务运动是中国工业化真正意义上的起点。晚清洋务企业遗产在中国工业遗产中具有特殊重要性。对于传统的塑造来说，起源是非常重要的。集体记忆通常需要寻求源头，并赋予源头神圣性，如此一来，由源头诞生出来的支脉才具有相应的价值。晚清洋务企业遗产作为中国工业遗产的现代性起源，便具有无可替代的纪念性。福建船政遗产是晚清船政局留下的工业遗产，船政局因位于福州马尾，在历史上名称屡次变动，所以又被称为福州船政局。19世纪中叶，清廷内忧外患层出不穷，具有“治国”政治抱负的洋务派大臣左宗棠，出于爱国的情怀，积极探寻抵抗外国侵略者的方略。左宗棠清醒地看到列强再次入侵的可能性，并积极主张海防，强调轮船的重要性。他在阐述创设船政局的动机时说：“臣愚以为欲防海之害而收其利，非整理水师不可；欲整理水师，非设局监造轮船不可。”所谓“海之害”，包含军事与经济两个方面，是指：“自海上用兵以来，泰西各国火轮兵船直达天津，藩篱竟成虚设，星驰飙举，无足当之。自洋船准载北货行销各口，北地货价腾贵，江浙大商以海船为业者，往北置货，价本愈增，比及回南，费重行迟，不能减价以敌洋商。”从军事上说，西方列强携轮船之利，侵入中国沿海如入无人之境。而从经济上说，左宗棠看到了中国东南沿海的商人运输效率不及驾驶轮船的洋商，在竞争中居于下风，纷纷歇业，而这有可能引发严重的政治后果：“恐海船搁朽，目前江浙海运即有无船之虞，而漕政益难措手。”[①] 漕政乃维系清廷的大政，故在左宗棠看来，轮船这一新技术由列强带入中国，实为动摇国本之举。而因应之道，则莫如认清形势，由中国自行掌握这一新技术，变被动为主动。左宗棠造船奏议得到清政府的批准后，便着手筹备。在当时，创办这种前所未有的近代造船工业，可以说十分艰巨，这些准备工作为日后船政的发展奠定了基础。[②] 1866 年 10 月 14 日左宗棠接到了调任陕甘总督的谕旨，他在推迟离任的时间里，完成了筹备工作，而后将发展船政的使命交递给他的继任者沈葆桢。

沈葆桢为福建侯官（今福州）人。1839 年，20 岁的沈葆桢中了福建乡试举人，同年与林则徐的次女普晴完婚。1847 年中进士，任翰林院编修等职。之后又相继补授江南道监察御史、江西九江府知府，署理广信知府，升江西广饶九南道等职。1861 年年底起授江西巡抚。1865 年，沈葆桢丁母忧开缺回籍守制。当清政府降旨命左宗棠西征时，沈葆桢正在福州老家，已是在籍缙绅。1867 年初，沈葆桢得到清政府的命令，先行接办船政，等守丧期满之后再行具折奏事。沈葆桢接办船政以后，船政工程迭出波澜。先是闽浙总督吴棠对船厂计划的阻挠，他公开表示“船政未必成，虽成亦何益”[③]，企图否定创办船政的计划。在他的影响下，船政饱受当地的谣言，更有参与人员就此退出，对新生的船政局造成了极大的破坏。另一方面，英、法两国抱有在中国扩张经济和政治势力的野心，想要扩大对中国造船工业的控制，竞相争夺对船政的控制权。在沈葆桢贯彻“权自我操”的原则之下，船政局

① 左宗棠：《左宗棠全集·奏稿》（三），岳麓书社 1989 年版，第 60—61 页。
② 林庆元：《福建船政局史稿》，福建人民出版社 1999 年版，第 31—35 页。
③ 中国史学会主编：《中国近代史资料丛刊·洋务运动》（五），上海人民出版社 2000 年版，第 58 页。

引进了西方的人才与机器设备，迈出了中国工业化的最初步伐。

福建船政局于1866年12月23日迅速破土动工，进展迅速。次年7月，沈葆桢正式上任时，基建工作大体完成。第一座船台于1867年12月30日建成，其余3座，也于1868年秋冬建成。到1867年7月间，不但厂房建成，机器也大体安装完毕。船政局就范围而言大约可分厂区、住宅区与学校几部分。所谓厂，实即车间。到1874年，这所近代工厂的各个车间已大部分建成。造船厂设备齐全，规模宏大，堪称远东第一大船厂。船政局第一艘自造的近代蒸汽运输船开工于1868年1月18日，1869年6月10日下水，历时17个月，取名“万年清”。自那时起至1875年，福建船政局共生产16艘轮船，包括10艘运输舰、3艘通讯炮舰、2艘炮舰和1艘巡洋舰。[①] 除此之外，随着近代造船工业的诞生，如何培养与之相适应的造船技术人员和海军人才，已成为十分迫切的任务。早在左宗棠创立船政之初就认识到了创办近代工业必须培养科技人才的重要性，而且还具体主持了艺局开办的章程。到了沈葆桢时期，他更是进一步指出“船政根本在于学堂”[②]。船政局求是堂艺局分前后学堂。前学堂主要包括造船专业设计专业和学徒班（艺圃），后学堂旨在培养能够进行近海航行的驾驶人员，设有驾驶专业和轮机专业，因为采用的是原版的教材，所以无论是前学堂还是后学堂的学生都要学习法语。船政学堂是洋务运动中成绩显著、影响深远的一所近代学校，不仅为军事航海制造方面培养了大批人才，还在民用企业方面也发挥了重要的作用。

1875年10月29日，沈葆桢离任，他的接任者丁日昌于同年11月5日上任。丁日昌也对船政局的发展提了一些见解，如派员赴外国学习、开炼煤铁，这意味着洋务派在实践中认识到了掌握技术以及优先发展原材料和燃料的必要性，对洋务企业向民用工业转变有推动作用。[③] 在这一时期，造船厂对设备进行了维修和添置，还增添了一些机床，在此基础上，兴建了铁胁船。1875年，即出国人员回国后的第二年，船政局制造专业学生吴德章、罗

① 庞百腾：《沈葆桢评传：中国近代化的尝试》，陈俱译，上海古籍出版社2000年版，第268—269页。

② 中国史学会主编：《中国近代史资料丛刊·洋务运动》（五），第56页。

③ 林庆元：《福建船政局史稿》，第166页。

臻禄、游学诗、汪乔年等"献所自绘五十匹马力船身机器船图，禀请试造"。这些船政学堂的学生包揽了设计、图纸绘制、建造、试航等造船的全流程，从1875年6月4日安上龙骨到1876年3月28日下水，前后不到一年时间。这艘承载着船政学子理想的轮船名叫"艺新"号，经试验证明"船身坚固，轮机灵捷"，标志着船政局进入自造时期。[①] 在这一时期内，船政局的造船技术也在不断提高。1875年，船政局开始采用铁、木作为船体材料，采用康邦蒸汽机作为炮船主机，仿造西方建造铁、木合构船。19世纪80年代初，船政船舶制造又进入了一个新的阶段，开始仿造巡海快船，即外国早期巡洋舰。中国第一艘巡洋舰"开济"号于1883年1月11日在船政局下水。

1884年8月中法马江战役爆发，清政府面对法国军舰的侵入挑衅，却采取了"避战求和"的策略，以致造成了被动挨打的局面。在这次反侵略战争中，船政学堂毕业的学生成为海军将领，面对强敌，毫无畏惧，做出了英勇的牺牲。面对法国人无情的炮击，船政局的工人也表现了高度高国主义精神，在战火中坚守岗位，保护船厂，也有不少伤亡。但不幸的是，由于清政府本就未做好应敌的准备，再加上敌我军事力量的悬殊，马江战役终以失败告终。尽管中法战争对船政局打击甚大，但船政局在战后还是继续发展，新船陆续下水。但在发展的同时，官办企业的弊端也逐渐显露出来，固定的财政拨款不能满足近代工厂扩大生产的需求，制造数量日益减少，形成了人浮于事、开工不足的局面，船政局的发展进入了停滞时期。甲午战争后，洋务企业经营管理的弊病越来越多地暴露出来。1890年后，船政大臣又大多是些老朽官僚或守旧大臣，对外国事务一无所知，甚至极力奏请清政府"停办"船政。[②] 旧有体制对新式工业的不利已成为船政局发展的最大的局限。尽管清政府也有重振船政的计划，想通过"招商承办"、铸造铜元等方式解决造船的经费问题，但皆不理想。船政局最终在1907年停造轮船。民国时期，船政局依然有所发展，甚至还尝试制造了水上飞机，但总体来看，已经失去了晚清在中国工业体系中举足轻重的地位。

---

① 林庆元：《福建船政局史稿》，第168页。
② 林庆元：《福建船政局史稿》，第371—373页。

福建船政卷入的停造轮船风波在中国工业文化的发展史上具有重要意义，也赋予了福建船政作为工业遗产的重大价值。1872 年 1 月，内阁学士宋晋奏请朝廷停办造船厂。作为国企，福建船政局制造轮船的花销全部由国家负担，而朝廷连年拨给该局的经费累计达四五百万银两，这被宋晋认为"靡费太重"。于是，宋晋列举了中国人自造轮船的一系列不利条件，希望朝廷停止此项工业活动："此项轮船，将谓用以制夷，则早经议和，不必为此猜嫌之举，且用之外洋交锋，断不能如各国轮船之利便，名为远谋，实同虚耗；将谓用以巡捕洋盗，则外海本设有水师船只，如果制造坚实，驭以熟悉纱线之水师将弁，未尝不可制胜，何必于师船之外，更造轮船，转增一番浩费；将欲用以运粮，而核其水脚数目，更比沙船倍费。"① 宋晋的奏折在朝野赢得了一批响应者，一时之间，初创未久的船政局似乎岌岌可危。面对宋晋的攻击，洋务派大臣们展开了反击，曾国藩、沈葆桢、李鸿章相继为工业化辩护，其中尤以李鸿章的辩护最为有力。李鸿章谓："臣窃维欧洲诸国，百十年来由印度而南洋，由南洋而东北，闯入中国边界腹地。凡前史之所未载，亘古之所未通，无不款关而求互市。我皇上如天之度，概与立约通商以牢笼之。合地球东西南朔九万里之遥，胥聚于中国，此三千余年一大变局也。"② 遭逢三千余年之大变局，这就是中国必须工业化的原因。在这样一个新时代，之所以要办工厂、造轮船，是因为"西人专恃其枪炮轮船之精利，故能横行于中土，中国向用之弓矛小枪土炮，不敌彼后门进子来福枪炮；向用之帆篷舟楫艇船炮划，不敌彼轮机兵船，是以受制于西人"。技术上的巨大落差导致了中国在两次鸦片战争中的战败，因此，"自强之道，在乎师其所能，夺其所恃耳"③。这些见解，已是洋务派的老生常谈，但李鸿章将笔锋直指宋晋等一班守旧儒生的根本症结："士大夫囿于章句之学，而昧于数千年来一大变局；狃于目前苟安，而遂忘前二三十年何以创巨而痛深。后千百年之何以安内而制外，此停止轮船之议所由起也。"④ 可以说，李鸿章此论是

---

① 宝鋆等编：《筹办夷务始末》（同治朝）第 9 册，第 3407 页。

② 宝鋆等编：《筹办夷务始末》（同治朝）第 9 册，第 3475—3476 页。

③ 宝鋆等编：《筹办夷务始末》（同治朝）第 9 册，第 3476 页。

④ 宝鋆等编：《筹办夷务始末》（同治朝）第 9 册，第 3476 页。

从思想观念上对守旧儒生的根本清算，旗帜鲜明地为工业化进行了辩护。经历了这一场大辩论，中国的工业化得以继续推进，中国的工业文化没有被扼杀于新生状态中。因此，福建船政见证了中国工业文化的诞生及其艰难突破旧体制与旧文化的历史，其历史重要性不言而喻，其留存的车间和船坞见证了中国工业化的第一步，契合世界遗产评选标准中的“与具有突出普遍重要意义的事件相关”，极具历史价值和文化价值。

福建船政物质工业遗产的主体是船政文物。据统计，船政文物分建筑、军事设施、碑刻、故居、墓园等五类，其中建筑 27 处，军事设施 12 处，碑刻 19 处，故居 11 处，墓园 8 处，共 77 处，还有可移动文物若干件。船政文物的主要特点，一是价值较高，77 处中各级文物保护单位占 33 处，其中全国重点文化保护单位 12 处，省级文物保护单位 5 处，市区县级文物保护单位 16 处；二是面广分散，分布马尾、福州城区、长乐、连江闽江口各地，乃至贵州桐梓；三是涉及人物众多，船政主持官员前后 33 人，职员最多时 3 672 人，前后毕业学生 5 564 人，含前后学堂 22 届 1 048 人，海军学校 714 人，船政系列学校 3 802 人。在《福州市志》入传人物 604 人中，船政人物就占 68 人，占 11.25%。但是，船政文物也存在着若干缺陷，尤其是主体文物保存偏少。以建筑论，船政衙门被毁，主车间工厂大多毁于抗日战争时期；以产品论，其军舰都毁于中法马江海战等战争；至于前后学堂、储材厂（海军联欢社）等，则毁于 1949 年后。就现状来说，马江昭忠祠和烈士墓于 1983 年大规模修复，辟为“福州马江海战纪念馆”。钟楼于 1984 年修缮，恢复原样。绘事院于 1986 年修复，辟为马江造船厂厂史陈列馆。一号船坞于 2001 年修复，翌年由海军司令部拨来一艘猎潜艇供参观。轮机车间于 2006 年重新修复，作为马尾造船历史陈列的一部分。马尾中坡炮台、严复故居、严复墓也相继修复开放。以上均为全国重点文物保护单位。省级文物保护单位电光山炮台、刘冠雄故居已经修复。市区县级文物保护单位英国副领事馆、梅园监狱、圣教医院、杜锡珪故居、黄钟瑛墓等也已修复。其余各级文物保护单位都已保存，正在逐步修复中。[①]

① 沈岩主编：《船政志》，商务印书馆 2016 年版，第 233 页。

具体到工厂层面，船政局保留下来的重要历史建筑包括轮机车间与绘事楼、法式钟楼和官厅池遗址等。其中，轮机车间是直接的工业生产场所遗址，该车间厂房屋面采用实木桁架支撑，以满足当时生产的大跨度要求；吊车梁采用铸铁制作安装，每跨采用拱结构，解决铸铁受压好受拉能力差的问题。因此，该车间厂房结构合理，力的传递路线清晰，经过一百多年岁月的洗礼，仍然状态良好，较之 20 世纪 70 年代建造的新厂房毫不逊色。① 中华人民共和国成立后，福建船政局的原址继续作为马尾造船厂的厂区，造船厂对部分历史工业建筑予以保留，并开启了生产与参观相结合的工业旅游模式，系一种活态遗产。福建船政遗产所遗留的主要历史工业建筑如表 5 所示。

表 5　福建船政遗产的主要历史工业建筑

名　称	年　代	地　址	特点与意义	保存状况
轮机车间	1867 年建造	马尾造船厂原址内	具有欧洲近代厂房风格的单层砖木铁结构建筑，用来制造轮船上的机器，1871 年造出 150 匹马力船用蒸汽机，中法战争后重修	2006 年重新修复，辟为马尾造船历史陈列馆
绘事院与合拢厂	1867 年设立	马尾造船厂原址内	与轮机车间相连，在合拢厂屋面梁架上另设一层阁楼为绘事院，进行图纸设计与绘制，建筑系清水红砖外墙，外立面墙设壁柱，封护檐式四坡顶，条石压脊，四周环建女墙	1986 年辟为马尾造船厂厂史陈列馆
铁协厂	1875 年兴办 1898 年改建	马尾造船厂原址内	1875 年用来制造钢铁船协、船壳、龙骨、横梁、泡钉等，1898 年改建为铁构架厂房，1918 年后作为飞机制造的木作间和机工间，1944 年日军轰炸后仅存屋架	马尾造船厂搬迁前仍在使用
一号船坞	1893 年建成	罗星山下东青洲	1934 年扩建，从坞顶到坞口外侧长 111 米，内侧长 101.7 米，上沿最宽处 35.8 米（底宽 19.2 米），有效深度 7.6 米（总深 9.8 米）	1941 年日军炸毁船闸，坞底泥沙堆积。1949 年后荒废。2000 年开始修缮，2001 年进行清淤
二号船坞	1860 年修建	马限山西侧山脚	原为英商船坞，后转卖给美商，1913 年由福州船政局购得，1933 年重新设计、扩建	1964 年、1997 年修复、扩建

① 李振翔:《马尾船政建筑钩沉》,《同济大学学报（社会科学版）》2004 年第 2 期。

续表

名　称	年　代	地　址	特点与意义	保存状况
铁水坪	1870 年建成	马尾造船厂原址内	船厂码头，遗存 2 个 60 吨吊机机座及数十根铸铁支撑柱。圆铁柱支撑梁架由船厂自铸，每根重 2 500 公斤	1941 年遭日军破坏。1973 年在原址建成造船舾装码头
官厅池	1867 年	马尾造船厂原址内	船政衙门设施，花岗石砌造，长方形，长 33.6 米，宽 21.1 米，环砌石栏杆	保存完好
钟楼	1927 年完工	马尾造船厂原址内	具有法国风格，共 5 层，高 18.2 米，1939 年被日军轰炸受损	1984 年修缮

资料来源：现场调研，并据沈岩主编：《船政志》，第 233—238 页。

由历史工业建筑所构成的工业景观，兼具美学价值和文化价值，是“景观的范例”，从车间厂房等技术设备的遗存又可视作“人类智慧的杰作”，因此，船政工业遗产符合世界遗产的部分评选标准。

（二）安溪茶厂工业遗产的价值

“茶者，南方之嘉木也。”2021 年 3 月 22 日习近平总书记在福建考察时，曾引用唐代陆羽《茶经》中的句子。中国人很早就开始饮茶，顾炎武《日知录》说：“自秦人取蜀，而后始有茗饮之事。”茶在中国人心中有独特的地位，以“柴米油盐酱醋茶”之一在中国人的日常生活中占据重要位置，已成为中国传统文化的标志符号，与中国人的精神世界紧密相连。不仅如此，茶是世界三大饮品之一，全球产茶国和地区达 60 多个，饮茶人口超过 20 亿，茶叶的种植和生产，具有极大的经济价值，围绕着“品茗”衍生的茶文化也备受全世界人民的喜爱和推崇。2019 年 12 月，联合国大会宣布将每年 5 月 21 日确定为“国际茶日”，以赞美茶叶的经济、社会和文化价值，促进全球农业的可持续发展。2020 年 5 月 21 日，是联合国确定的首个“国际茶日”。习近平主席向“国际茶日”系列活动致信表示热烈祝贺。习近平指出，茶起源于中国，盛行于世界。联合国设立“国际茶日”，体现了国际社会对茶叶价值的认可与重视，对振兴茶产业、弘扬茶文化很有意义。作为茶叶生产和消费大国，中国愿同各方一道，推动全球茶产业持续健康发展，深化茶文化交融互鉴，让更多的人知茶、爱茶，共品茶香茶韵，共享美好生活。

福建省安溪县是我国著名的“国家级园林县城”，素有“龙凤名区”之美誉，以茶产业闻名全中国，号称中国茶都，是中国乌龙茶（名茶）之乡、世界名茶——铁观音的发源地，位居中国重点产茶县第一位。福建省安溪县在宋元时期，茶叶产地就遍布全县的普通人家和寺庙。安溪茶叶还通过“海上丝绸之路”走向了世界，畅销海外。直至中华人民共和国成立之后，茶产业仍然是安溪重要的经济产业。安溪人迎来送往，婚嫁寿诞，都少不了茶礼，“来吃茶”是茶乡最家常的一句话，茶的灵性流露在安溪人的举手投足之间。习近平总书记十分关注福建茶产业，曾在走访武夷山茶园时说：“过去茶产业是你们这里脱贫攻坚的支柱产业，今后要成为乡村振兴的支柱产业。”他叮嘱，要统筹做好茶文化、茶产业、茶科技这篇大文章。在安溪，茶产业也同样是脱贫攻坚的主力。1985年安溪仍然是福建省的“国家级贫困县”，依托茶产业的发展，短短十年后，1996年安溪被评为“福建省经济发展十佳县”。安溪铁观音名扬四海，香溢五洲，已成为中国茶叶第一品牌，也是福建省一张靓丽的名片。安溪铁观音发展成如此庞大的产业，地方政府的推动是具有主导作用的。

福建省安溪茶厂有限公司前身为国营福建省安溪茶厂，于1952年由中国茶叶公司福建分公司在安溪县西坪镇创建，是中国乌龙茶行业历史最悠久的茶叶生产企业。安溪茶厂经过半个多世纪的励精图治，如今已发展成为国内乌龙茶界龙头企业，是乌龙茶精制加工业中最先拥有自营出口权、唯一产品荣获国家金质奖的企业，是全国乌龙茶产业中首批农业产业化国家重点龙头企业，入选农业部“全国农产品加工示范企业”。是乌龙茶地方标准、国家标准制定的骨干企业，参与制定福建地方标准《乌龙茶标准综合体》，是唯一参与制标的企业。公司1980年注册“凤山”商标，先后荣获“福建省著名商标”“中国驰名商标”，“凤山”牌特级铁观音在1982—1996年连续荣获国家金质奖，“凤山”牌系列产品拥有7个部优产品、11个省优产品以及多个博览会金奖、银奖，畅销日本、东南亚、中国香港、俄罗斯、马来西亚等30多个国家和地区。

近年来，福建省安溪茶厂积极响应国家工业和信息化部“加强工业遗产保护和利用，培育和发展有中国特色的工业文化”的号召，秉承“以利用带保护”的原则，对厂区内的核心物项进行了保护和利用，并于2020年入选第四批国家工业遗产名单。福建省安溪茶厂申报的核心物项包括筛分车间、无烟灶、乌龙茶精制流水线、小包装车间、毛茶仓库、办公楼、职工宿舍、防空洞；木炭电两用干燥箱、X－63型万能铣床、吊杆式平面圆筛机、钉箱机；《乌龙茶精制工艺程序》《安溪茶厂工人工资、劳保、福利、奖励开支办法》等档案资料，遗留丰富，保存完好，具有代表性，可反映新中国成立后中国茶产业再续千年传统、顺应工业化发展进程，在党和国家的带领下，自力更生，积极创新，使古老行业焕发新生的辉煌历史。表6是安溪茶厂的遗产核心物项。

表6　安溪茶厂遗产核心物项

类型	历史名称	时　间	现状说明
建筑类	毛茶仓库	1957年（4座）、1972年（1座）	毛茶仓库群共5座，主体建筑结构不变，保持原有的内部构造和设施，现为陈茶仓库，储存有数百缸陈年铁观音，内部装有监控设备以便动态管理，仓库门锁和日常进出均有专人管理
	第二座职工宿舍	1958年	安溪茶厂仿苏式筒子楼建造的职工宿舍建造于1958年。在基本完成生产车间建造基础上，为改善职工住房条件，兴建了一批职工宿舍。职工宿舍仿苏式筒子楼格式建造，由于筒子楼通风条件较差，为解决南北通风问题，在每间宿舍门上方留了1尺见方的通风口，墙体建筑材料为土坯。职工宿舍保存完好，现为职工午休宿舍
	筛分车间	1976年	筛分车间建筑主体的结构、外观均未改变，每年组织工人不定期检修，目前空置
	办公楼	1979年	办公楼主体及结构不变，自1979年建设以来一直作为办公楼使用，仅在80年代根据需要对原有外观进行装饰，粘贴瓷砖
	小包装车间、小包装加工厂	1957年	1957年建造的小包装车间为1层平房，1980年为适应生产需要，在此基础上改建为2层的小包装加工厂，现作为仓库使用
	防空洞	1954—1979年	防空洞建造于1969年。防空洞用当地花岗岩石头与水泥砌造而成，内外两间，面积约30 m^2，有通风排水设施，构造完美。防空洞的建造，代表着安溪茶厂员工的爱国情怀，凝聚着老一辈员工的精神寄托。防空洞保存完整，现在安溪茶厂厂区内

续表

类型	历史名称	时间	现状说明
文件类	《乌龙茶精制工艺程序》	1960年	《乌龙茶精制工艺程序》收录于1960年手写记录的《发文资料卷（二）》中，由福建省安溪茶厂时任厂长叶福才审批通过，《乌龙茶精制工艺程序》共分为5部分，每部分都详细介绍了乌龙茶精制工艺的相关流程、程序，是一代老茶厂人的智慧结晶。为更好保存和展示，在安溪茶厂厂史馆设立单独展示柜予以展示
	《安溪茶厂工人工资、劳保、福利、奖励开支办法》	1960年	安溪茶厂1960年组织制定了《安溪茶厂工人工资、劳保、福利、奖励开支办法》，率先完善了职工工资、公假、劳保保障、托儿所等相关规定，现已置于安溪茶厂厂史馆展示柜展示
设备类	木炭电两用干燥箱	1960年	木炭电两用干燥箱是由公私合营电工科学器械制造厂生产，主要用于60年代电力紧张时期，技术人员烘焙茶样使用，温度范围在50—200℃可自主设定，保证茶样品质的准确性。木炭电两用干燥箱现已被其他工艺所代替，为起到保护作用，已置于安溪茶厂厂史馆内展示
	无烟灶	1960年	1960年自行设计制造第一代烘干机炉灶——无烟灶，并不断升级完善，且于2009年成功申请实用新型专利，目前安溪茶厂保存三座无烟灶（其中一座为方便参观讲解，进行小部分剖面拆解）
	X－63型万能铣床	1973年	X－6163型万能铣床已退出使用，现存于安溪茶厂动力房内，将进一步进行陈列展示
	吊杆式平面圆筛机	1979年	安溪茶厂自行制造的吊杆式平面圆筛机，主要用于筛分茶叶，现已退出使用，保存于仓库，整理后进行陈列
	钉箱机	1968年	安溪茶厂在1972年以前大包装产品品种就已经非常齐全，产品专供外销，铁观音、色钟、乌龙茶的外销代号分别为官、乔、奚。钉箱机就是专门用来制作大包装产品箱子的。现保存于厂史馆
	乌龙茶精制流水线	1984—1988年	1986年福建省轻工厅对安溪茶厂省“扩大生产能力扶贫技改项目实施方案”做了批复，批准安溪茶厂扩大乌龙茶流水线，年精制能力从2 500吨扩大到5 000吨
知识产权类	“凤山”商标	1980年	安溪茶厂于1980年注册“凤山”商标。“凤山”牌产品获殊荣，产品连续九年获得国家金质奖，多个部优产品，多个国内、国际博览会金奖、银奖。至今仍是乌龙茶产品重要品牌
档案类	历史老照片	1954—1979年	安溪茶厂保存了大量建厂以来的重要历史节点照片，历史再现了安溪茶厂艰苦奋斗的创业史，是一份沉甸甸的宝贵精神财富，老照片已置于安溪茶厂厂史馆展示柜展示

续表

类型	历史名称	时　间	现 状 说 明
档案类	建厂以来档案材料	1954—1980 年	安溪茶厂现存大量重大事件的档案资料，包括文书档案、科技档案、会计档案、人事档案等珍贵文献，是安溪茶厂生产经营活动的全程记录者，具有凭证作用和利用价值，现置于安溪茶厂厂史馆展示柜展示
	铁观音（特、一级）福建省优质产品证书	1980 年	1980 年 4 月福建安溪茶厂“凤山牌”铁观音特级产品、一级产品获福建省人民政府颁发福建省优质产品证书。现保存于公司厂史馆
	国家金质奖证书	1980 年	1982 年 6 月福建安溪茶厂凤山牌特级铁观音国家金质奖，并在 1988 年复评中蝉联国家金质奖。现保存于公司厂史馆
	特级铁观音优质产品证书	1982 年	1982 年 8 月福建安溪茶厂特级铁观音特级产品被商业部系统评为优质产品。现保存于公司厂史馆

资料整理自工业和信息化部印制的《国家工业遗产申请书——安溪茶厂》。

茶作为在中国家喻户晓的饮品，历史悠久，中国发展制茶产业已逾千年，从手工制茶到机器制茶，茶叶制造业体现了中国制造业从传统手工加工模式到机械化、标准化制造的过程。安溪茶厂历史上的技术革新正是对这一过程的很好展现。契合世界遗产评选标准中“人类创造智慧的杰作”，具有技术价值。

1952 年中国茶叶公司福建省分公司在西平兴建安溪茶厂。1957 年，国家“一五”计划超额完成规定任务，实现了国民经济快速增长。为适应安溪乌龙茶发展需要，经全国供销总社批准按年产加工 1 500 吨的标准迁往安溪县官桥镇五里埔兴建安溪茶厂新厂房，1959 年正式投产，当年茶叶精制量达 1 174.4 吨，首次跨越一千吨大关。建成后的安溪茶厂建有办公厅、仓库、筛分、烘干工场、制箱车间、拣场动力房、医疗室、托儿所、职工宿舍等建筑，安装了 3 台烘干机、6 台阶梯式拣梗机、1 台滚筒圆筛机、6 台风选机、2 台 45 匹卧式煤气机，总投资 60 万元，实现了安溪乌龙茶从传统手工加工到半机械化加工的跨越。从 1952 年起国家投入大量人力、物力及科研力量，首次由安溪茶厂将乌龙茶精制工艺确定为投料→筛分→风选→拣剔→官堆→烘焙→摊凉→匀堆→装箱九道工序，并于 1960 年组织编写了《乌龙茶精制工艺程序》（后来成为全国各林业大学乌龙茶生产工艺的教学教材），系统完善乌龙茶从原料处理、成品规格、制茶程序、在制品命名、各工序在制品质量要求以及最后成品的所有程序，开启了乌龙茶精制加工的历史。1986年安溪茶厂参与制定福建地方标准《安溪乌龙茶标准综合体》，负责制订“毛茶收购验收”“精制加工”“贮存防护”三个标准。安溪茶厂在系统完善乌龙茶精制工艺、标准建设的同时，不断进行设备创新和技术改造。1959年自行研制出震动式拣梗机，代替部分手工拣梗，1973年该机器被漳州茶厂引进改造，并命名为73型拣梗机。1960年自行设计制造第一代烘干机炉灶——无烟灶，大量节约燃料，使耗费比例由1∶1下降为1∶0.25，该技术于1972年在浙江省绍兴市进行表演交流推广经验，得到好评，传入社会。同年针对当时电力供应紧张的情况，投入使用“木炭电两用干燥箱”，保证茶样品质的准确性。1972年投资18万元改造茶叶筛分车间902平方米，由原平面生产改为立体生产。1979年自行研发双层卧式取梗机，提高生产效率，节省大量劳动力。1978—1985年先后投资212万元，陆续兴建拣茶车间873平方米，改建干燥机房1 100平方米、小包装车间工场3 200平方米、职工宿舍楼两栋24套1 440平方米、办公大楼一座1 800平方米等，使生产、生活、工作条件进一步得到改善。1980年安溪茶厂兴建“安溪县茶叶小包装加工厂”（县办集体企业），购置日本产细茶打包机2台，国产细茶打包机1台，生产袋泡茶和各种茶叶小包装产品，品种达30多种，同年8月经国家工商总局批准，产品注册商标为“凤山”牌。1986年继续进行技术改造，利用省扶贫资金246万元，扩建年加工能力2 500吨精制生产线，年精制能力从2 500吨扩大到5 000吨。持续的技术改进、质量管理和管理改革为安溪茶厂取得辉煌成就奠定坚实基础。1979年福建省人民政府授予安溪茶厂“大庆式”企业称号，“凤山牌”特级铁观音获省优质产品。1982年特级铁观音荣获国家金质奖。1987年一级色种获省优质产品，黄金桂获部优产品。1989年“凤山”牌特级和一级铁观音均获北京国际博览会金奖，一级色种获得银奖。1989年4月国务院环境保护委员会授予其全国环境保护先进单位。1990年安溪茶厂被福建省人民政府评为省级先进企业。2014年国家科技部批复同意安溪茶厂立项组建国家茶叶质量安全技术研究中心，2018年顺利通过验收，新增烘焙、色选工业流水线及食品糕点工业流水线，建立10万级洁净车间等，并取得授权专利 47 个，科技进步奖市级 4 个，县级 3 个。在病虫害、给农药降毒、产品深加工方面做出了卓越贡献。

安溪茶厂作为老牌茶叶企业，保留完整的、具有独特时代特征的工业景观。据统计，遗产项目共有 1 栋办公楼、1 栋筛分车间、1 栋小包装车间、1 栋仿苏联筒子楼建造的职工宿舍、5 座木石仓库，涵盖生产、生活等方面，构成完整的工业景观。建筑主体以当地黑云母花岗岩（安溪红）为主要建筑材料，建筑外观朴实大方，景观协调性高，展现了特定时期、特定区域的工业风貌。安溪茶厂曾于 1989 年被评为“全国优美工厂”“全国环境保护先进企业”，代表了一定时期的工业审美。其中 5 座布局优美、风格突出、保存完善的木石仓库最具代表性。安溪铲除的毛茶仓库也极具特色。从 1957 年起，安溪茶厂陆续建造储存陈香型铁观音的专用仓库，仓库群共由 5 座结构完整、功能齐备的木石仓库组成，仓库通体由花岗岩和杉木构建而成，屋顶上覆盖 2 毫米厚的青瓦片，具有隔热、散热的效果，有效地保证了存储室内外空气的流通。建筑结构分为上下两层，底层为通风空间，高 80 厘米，侧面带有通气孔的墙体围绕而成，内置稻谷、木炭等物，主要用于防潮、通风；通风层之上为茶叶存放的空间，由四周墙体和顶部天花板以及木板层围成的密封空间组成；中间以木地板隔开，上置陶制大缸，缸内储茶，其功能主要用于储存安溪铁观音集团的陈年老茶。毛茶仓库整体布局优美，规模宏大，2009 年成功申请了实用新型专利（专利名称：一种茶叶存储仓库），为全世界乌龙茶行业中陈香型铁观音储藏量最大、年份最久、珍藏工艺最专业的毛茶仓库。因此，符合世界遗产标准中的“建筑物、建筑风格的范例”和“景观的范例”。

文化价值对应世界遗产标准中的“景观的范例”和“与具有突出普遍重要意义的事件相关”，意指该工业遗产能反映工业史乃至整个人类历史的某一发展阶段的特点，成为某一时代的标志性符号；或该工业遗产能体现某种特殊的或已经消失的生活方式。上文所提到的工业景观亦是安溪茶厂文化价值和历史价值的体现。厂房区作为物质遗产保留下来，直观反映了中国在计划经济时代的厂房区生活，同时也反映了此时期具有代表性的工业审美。毛茶仓库也为藏茶文化留有历史见证。

在制度文化方面，安溪茶厂曾进行过多项改革措施，带有鲜明的时代印记：一是改革奖金分配制度，以工时、能源原料等消耗与成品率投放量等数据为指标，产品质量为前提，质量系数联承法的超定额计件奖，进行奖金分配，同时把各定额指标分配到基层、个人，实行奖金二级分配制度，克服了平均分配的弊端，实行多劳多得多做贡献多奖励，调动职工劳动积极性。二是 1960 年组织制定了《安溪茶厂工人工资、劳保、福利奖励开支办法》，率先完善了职工工资、公假、劳保保障、托儿所等相关规定，提高了职工就业的稳定性和长期性。三是安溪茶厂实行准军事化管理，规定职工必须在厂区住宿，1958 年在完成生产车间建造的基础上安溪茶厂兴建了一批职工宿舍。职工宿舍仿苏式筒子楼建造，墙体为土坯砌墙，每间宿舍门上方留 1 尺见方的通风口。建筑所用土坯系茶厂职工下班义务印制。职工宿舍至今保存完整，仍可正常使用，是安溪县内少数还在继续发挥价值的老式职工宿舍。四是 1988 年安溪茶厂制定企业工作标准、管理标准和技术标准和一酬多挂管理办法，推行标准化管理和全面质量管理。同年获得福建省经济委员会和省质量协会授予的全面质量管理合格证书，茶厂管理模式和制度创新走在行业前列。一系列举措成效明显，不仅有效解决了安溪茶厂生产期间的劳动力问题，而且和谐的劳工关系和不断提升的管理经营水平也进一步推动了安溪茶厂的创新发展，为当时的地方经济发展贡献巨大力量。直至改革开放后，安溪茶厂的技术工艺和管理模式仍被安溪县大部分茶企所沿用，并为安溪县茶产业输送了大量的技术和管理人才，大大推动了安溪茶产业发展，助推安溪县实现从“贫困县”到“百强县”跨越发展，可见安溪茶厂的制度改革带有示范性，具有深刻的历史价值。

由此可见，安溪茶厂同时体现了技术价值、美学价值、文化价值和历史价值，与当前已入选世界遗产的工业遗产有不少相似之处，其内涵的综合性完全符合对世界级工业景观的定义。以瑞典恩格尔斯堡钢铁厂为例，恩格尔斯堡铁矿工场以遴选依据标准（iv）入选世界遗产，是 17—19 世纪欧洲有影响力的工业综合体的一个杰出例子，胜在重要的技术遗迹以及完好无损的行政区和住宅建筑。安溪茶厂和恩格尔斯堡钢铁厂一样不仅留存有技术装置，而且同样拥有生产车间和工人居住区，其建筑展现了某一个时期工业美学的风范。

小　结

工业遗产作为新兴的文化遗产类型，寄托着人们对历史的怀念和思考，它不同于一般的文物或传统文化遗产，在保护的同时，必须妥善加以利用，才能真正将其价值发挥出来。如何在保护的基础上加以利用，令其在经历了新陈交替的历史节点后仍旧发挥应有的价值，是一个值得讨论的议题。世界文化遗产作为当前最具权威性的遗产评选标准之一，一旦入选，将使我国的工业遗产得到更多的关注，在保护和利用方面会大有裨益。世界文化遗产评选突出强调入选价值和对保护方案的严格审核，也能够对我国尚在起步阶段的工业遗产保护提供一个发展榜样和方向。

我国是工业大国，工业遗产资源丰富，国家和地方的保护意识也日益增强，在每年的国家工业遗产评选中，各地方工业遗产的参评热情也在不断提高，对工业遗产的保护方式和利用手段也随着相关课题的研究、各方面的投入，形式愈加多样、成效日益显著。然而，总体来看，较之其他工业先行国家，中国工业遗产的保护工作还较落后，尚需借鉴一些有效的经验，并结合我国的相关情况进行进一步的有益探索。例如，日本、德国就重视以工业文化遗产为依托发展工业旅游，从而将地区经济发展与工业精神教育融为一体。中国工业遗产保护与利用的最大阻力，还是社会对工业遗产及其价值普遍缺乏认知。因此，保护与利用工业遗产，要做好宣传与普及工作，将工业遗产的利用与劳动教育场景的构建结合起来，真正使工业遗产发挥和弘扬工业精神的核心价值与应有的文化传承功能。要使我国的工业遗产未来能成为在世界范围内宣扬我国工业文化的载体，各地区应在国家政策导向下，对国家工业遗产予以充分的重视，与当地的经济循环路径相结合，发挥工业遗产的价值和效用。

从世界遗产看中国黄酒工业遗产

褚芝琳 *

摘　要　中国的黄酒工业在世界范围内独树一帜，在历史进程中逐渐形成了鲜明的地域特色。本文梳理了浙派麦曲稻米黄酒与闽派红曲稻米黄酒的发展历程，并以生产浙派绍兴黄酒的绍兴鉴湖黄酒作坊成功入选国家工业遗产为切入点，通过梳理其在历史、科技、社会、艺术方面的价值，彰显出中国黄酒工业的独特魅力，揭示了中国黄酒工业的发展深嵌于中华文明的伟大进程之中，并类比了西方的葡萄酒酿造工业，以申报世界遗产为出发点，探讨其申报世界遗产的可能性在于独一性以及文化性上，同时也思考了其潜在的保护与利用的碰撞难题。

关键词　黄酒；绍兴鉴湖黄酒作坊；国家工业遗产；世界遗产

黄酒是我国最古老的酒精饮料，在我国的多个地区都有生产。独特的酿造方法，富有地域特点的厂房构造，丰富的文化内涵使得中国的黄酒工业带有鲜明的中国特色。2019 年，绍兴鉴湖黄酒作坊成功申报了国家工业遗产，让我们看到了黄酒工业遗产所具有的独特魅力。相较于葡萄酒，黄酒源于中国，发展成熟于中国，被誉为中国的“国粹”。它与中国千百年的文明进程交融在一起，又曾数次成为与世界其他国家友好往来的代表。因此，黄酒是中国的，也是世界的，黄酒工业遗产应当作为宝贵的人类智慧结晶载入世界遗产的行列，在世界历史上熠熠生辉。

---

* 褚芝琳，清华大学人文学院历史系。

一　黄酒工业遗产：一张打入世界遗产的中国名片

“世界遗产”代表了遗产的一种特殊形式，因其对人类有着杰出的普遍意义而被认可，包括物质文化遗产和非物质文化遗产，物质文化遗产中又分为文化遗产、自然遗产和文化与自然双重遗产三类，代表了人类及其生存环境对世界的三大贡献：一是人类的创造，二是大自然的创造，三是人类与大自然的共同创造。它们在历史、文化、艺术和科学上的珍贵价值，是地球和人类文明给予我们的恩赐和馈赠。这其中，最重要的是保护遗产的真实性和完整性，这项伟大的事业逐步得到更多国家和地区的认同和重视。用什么样的态度来对待自然和文化遗产，已成为衡量一个国家文明程度的重要标志之一。①

显而易见的是，拥有世界遗产是一国的历史文明得到全球范围认可的有力佐证，同时也有利于彰显一国的民族自豪感与提升国人的文化自信，更重要的是，其蕴含潜在的经济效益。对于那些已经被冠名的“世界遗产”，它们将更有利于吸引客流，推动旅游业的发展，拉动国内经济消费。正是由于这一原因，命名工作往往成了国家级营销活动的关注焦点。② 这其中，故宫博物院等早已成为世界级的旅游热点，每年来往参观的游客络绎不绝，它们俨然成为中国走向国际的金字名片。我国地大物博，拥有丰富的文化与生态景观资源，但成功获评世界遗产也并非易事，今后我们推广怎样的“名片”去世界，也是一个值得思考的问题。

本文将目光聚焦到了中国的传统工业——黄酒工业。黄酒源于中国，且唯中国有之，与啤酒、葡萄酒并称世界三大古酒。早在20年前，圣埃美隆被联合国教科文组织收录进世界文化遗产的名录，成为首个被列入“文化景观类”世界文化遗产的葡萄酒产区，随后许多葡萄酒产区因拥有古老的酿酒历史、

---

① 李钱光主编：《世界遗产》，中国旅游出版社2008年版，第12页。

② ［澳］希拉里·迪克罗（Hilary du Cros）、［加］鲍勃·麦克彻（Bob McKercher）：《文化旅游》，商务印书馆2017年版，第76页。

丰富的酒文化或者秀丽的自然景观，被联合国教科文组织（UNESCO）列入世界文化遗产的名录。[①] 对比葡萄酒酿造工业，黄酒酿造工业在我国具有悠久且独一无二的历史，在这一过程中，创造出许多宝贵的物质与文化财富。本文试图追溯黄酒工业在中国的总体发展情况，并对黄酒工业遗产被列入世界遗产的可行性及其潜在问题作简要分析。

二 独一无二：中国的黄酒工业

黄酒是世界上最古老的酒种之一，是华夏子孙引以为豪的民族特产，以古老的历史文化、精湛的酿造技艺、特殊的养生及药用功效而闻名于世，其传统酿造技艺被联合国教科文组织列入急需保护的非物质文化遗产名录。

关于黄酒的起源，据考古出土的酒器、古酒、古籍等酒类文物表明，可追溯到远古的大汶口文化、河姆渡文化时期，即母系氏族与父系氏族进行更替，社会经济快速发展，出现粮食贮备的时期。从大汶口文化和河姆渡文化遗址出土的稻谷遗迹和陶制技术上看，当时已具备酿酒的客观条件。由此可以推断，早在七千年前中国就有米酒和谷物酒酿造萌芽。到了三千多年前的商周时代，中国人独创酒曲复式发酵法，开始大量酿制黄酒，成为世界一绝。

黄酒酿造的工艺源远流长，在时间长河里历久弥新。而根据酿造工艺的不同，我国的黄酒有不同派系，其中以浙江绍兴黄酒为代表的浙派麦曲稻米黄酒和以屏南黄酒为代表的闽派红曲稻米黄酒最具典型意义，下文将着重对这两种黄酒做详细介绍。

（一）绍兴黄酒：浙派麦曲稻米黄酒的名片

说起黄酒当中最具有代表性的产品，绍兴黄酒无疑是一张最闪亮的名片，当年陈宝国的经典广告台词“数风流人物，品古越龙山”，让广大人民

① https：//www.wine-world.com/culture/cq/20190203112157432，2019年2月24日/2021年4月2日。

认识到了以古越龙山集团为代表的绍兴黄酒产业。绍兴黄酒始于何时，成名于何时，尚无具体材料可以肯定，唯据梁元帝萧绎《金缕子》云“银瓯贮山阴（绍兴）甜酒，时复进之”等句，可见梁元帝时（552—554），绍酒已经成名。

与其他酒类不同，绍兴黄酒有着显著的特点：第一，我国许多名酒都是蒸馏酒（即白酒），如山西汾酒、洋河大曲等。唯绍兴黄酒是镬煎酒，除了麦曲制酒，它在酿造中需要去其糟渣，再放入锅镬煎熟，才能装坛成酒。这样制作出来的黄酒色泽透明黄亮，如琥珀一样。既没有强烈的酒精气，也不同于啤酒、洋酒的气味，而另有一种独特的、不腻的香味。第二，可以久贮，越陈越香，久藏不坏。第三，味醇而和，如饮不过量，能促进血液循环，帮助解除疲劳，一般体力劳动者多喜喝绍酒。同时绍酒可作药用，许多中药必须用绍酒做药引，冲服或调服能增加药效。它又是烹饪的重要调料，能使菜肴增味。①

绍酒之所以具有这些特点，主要与制酒所用之水有关。绍兴鉴湖水含有多种微量矿物质，硬度适中，有机质少，宜于酿造。传言绍兴最早的酿酒地是在泾口、白塔一带，以后转至东浦、阮社、湖塘等地。这些地方都处于历史上所称鉴湖的范围之内。鉴湖水源从会稽山脉而来，水质很好，含有钙和其他矿物质。鉴湖有三曲，第一曲是湖塘、古城口，第二曲是蔡山桥、型塘口、阮社、双梅，第三曲是行牌桥、漓渚港口向钟堰庙转入青甸湖直至东浦、大树江。这三曲地带都是水乡，又多竹林，气候温和湿润，因此成了良好的酿酒区域。②

不仅如此，绍兴黄酒品种多样，且各具特色，按糖度高低可分四大品种：元红、加饭、善酿、香雪，每一品种的用途不尽相同。独特的制造方法，优质的原材料，这些得天独厚的条件使得绍兴黄酒成了浙派黄酒乃至全国黄酒中的翘楚。

---

① 金志文：《绍兴老酒简史》，浙江省政协文史资料委员会编：《浙江文史集》第3辑（经济卷上），浙江人民出版社1996年版，第289页。

② 金志文：《绍兴老酒简史》，浙江省政协文史资料委员会编：《浙江文史集》第3辑（经济卷上），第285页。

（二）屏南黄酒：闽派红曲稻米黄酒的代言

闽派黄酒从唐起多有文字记载。唐朝出现大量红曲酒的诗句，如唐褚载的“有兴欲沽红曲酒，无人同上翠旌楼”，《长汀县志》记载唐开元年间宰相张九龄到汀州寻晤其弟张九皋，留下《谢公楼》诗“谢公楼上好醇酒，三百青蚨买一斗”，《古田县志》《尤溪县志》也有唐朝制曲酿酒作坊的记载。宋代大文豪苏东坡当年谪居岭南时，晚上无聊苦闷之际，就喜欢喝点福州的红曲黄酒，留下了“去年举君苜蓿盘，夜倾闽酒素如丹”的诗句，这里的闽酒就是闽派的红曲黄酒。①

闽派黄酒的起源主要有三支：第一支起于福州府侯官、屏南、古田；第二支起于建宁府建瓯、浦城；第三支起于汀州府长汀、龙岩。闽派家酿酒以上述三支起源产地为上，红曲以古田、屏南一带最佳，酒质也最好，远销海外的酒多为古田、屏南红曲所酿造。屏南素有“八山一水一分田”之称，多严粬稻，早在唐朝就有用糯米、红曲酿成黄酒的文字记载。据明万历《古田县志》记载：“……米蒸饭，伴以红糟，密室藏熟，冷水淘三次，可以作酒，此唯古田能造……”可见当时其他地方尚且不能制造“米蒸饭，伴以红糟”的红曲黄酒，“唯古田能造”足以表明古田、屏南为红曲黄酒正宗原产地（时屏南隶属于古田，至清雍正十二年始分治）。据《中华酒典》记载，清代全国各地推销红曲黄酒，都得注明“以上好古田红曲酿造”，方能打动客户的购买欲。②

屏南红曲黄酒扬名天下，与屏南是红曲正宗和优良产地密不可分。自清代至民国期间，屏南路下、长桥、屏镇等乡镇一直是红曲生产地，所产红曲质量上乘，销往邻县及省城福州，甚至远销上海、宁波、天津等地。而1949年新中国成立以来，屏南一地涌现了许多品质优良的黄酒公司，该地也在2016年顺利通过了“中国红曲·黄酒文化之乡”的国家地理标志保护产品的申报。

---

① 吴文胜、张少忠：《屏南红曲黄酒》，政协屏南县委员会编：《屏南文史资料》第28辑，第4页。

② 吴文胜、张少忠：《屏南红曲黄酒》，政协屏南县委员会编：《屏南文史资料》第28辑，第6页。

三　国内第一个黄酒工业遗产：绍兴鉴湖黄酒作坊[①]

中国的黄酒工业遗产想要评选世界遗产任重而道远，但并非一片空白。2019 年 12 月 19 日，绍兴鉴湖黄酒作坊（现属于浙江古越龙山绍兴酒股份有限公司的全资子公司）成功申报了国家工业遗产，为黄酒工业的世界申遗之路迈出了有参考价值的一步。

绍兴鉴湖黄酒作坊保存完整，拥有丰富的历史、科技、社会、艺术价值。明清时期，随着绍兴酒酿造规模的不断扩大，许多家庭式作坊发展成了酿酒作坊，并逐渐占据了主导地位。四处飘香的酒坊，是当时绍兴酒兴盛的标志。当年湖塘七尺庙（现绍兴鉴湖酿酒有限公司隔壁）的山门前，就曾有这样一副对联："湖上菱歌，门前渔唱；十里稻香，半村酒熟。"这有名的"十里湖塘"村，竟有"半村酒熟"，这是当时绍兴黄酒酿酒业盛况的写照。而鉴湖酿酒公司选址于鉴湖源头，并以湖冠名，取品牌为鉴湖，自清代以来一直是作为绍兴黄酒的酿酒作坊存在，且至今仍然持续生产，遵循"一冬酿一酒"的古法。

随着时代发展，鉴湖酿酒公司的黄酒生产一直遵循着传统与现代的有机交融，不断进行科技与技术创新。其厂房由江南传统营造和近现代建筑两种叠加而成，反映了不同时代的生产需求和布局，为如今同类生产厂房之罕见。80 年代起，企业围绕黄酒生产中的蒸煮、放水、压榨、煎酒等工艺，进行技术设备改造提升，降低了劳动强度，并积极寻求与各高校和技术中心的生产合作，推陈出新。[②]

在发展过程中，以鉴湖为代表的绍兴黄酒文化已深深融入到该地的酒神崇拜与民俗文化中，共同铸造了绍兴独特的历史风貌。绍兴黄酒的酿造与开

---

① 本节内容除单独引证外，与鉴湖黄酒作坊相关的材料均取自《国家工业遗产申报材料：绍兴鉴湖黄酒作坊》以及《"鉴湖牌"申报"中华老字号"认定》。

② 傅建伟：《我的黄酒缘》，绍兴市政协文史资料委员会编：《绍兴文史资料》（第 27 辑），2013 年，第 22 页。

酿祭酒神的传统风俗融为一体，不祭不酿，千年酒都的绍兴向世人展示了酒乡酒人酿酒的虔诚与敬畏，祭拜酒神，包含着酿酒人对天地神的敬畏，善待自然，和谐共处。绍兴酒酒性温和，刺激性不大，绍兴人喜以酒待客，对酌而饮，饮中议事。久而成俗，就对人的气质和性格产生了潜移默化的作用。酒和人们的生活息息相关，于是就形成了各种各样的酒俗和酒习，这些习俗大多具有浓郁的民族文化特征，代表了人们善良美好的祝福。绍兴人以酒为业，以酒为乐，酿酒、饮酒之风长盛不衰。祀祖、祝福、清明、端午、中秋、重阳等传统节日；一个人从出生到终寿的各种红白大事，中举、告捷、宴请，都少不了酒，每遇赏心乐事，把酒临风，开怀畅饮已成习俗。从而在绍兴形成了“无酒不成礼”的一种独特的文化氛围。而绍兴黄酒又多次被作为“国礼”招待来自远方的客人，尼克松、明仁天皇、叶利钦都对绍兴黄酒赞不绝口，而明仁天皇带回的绍兴黄酒在日本更是掀起了一股“中国黄酒热”。从“绍兴的黄酒”到“中国的黄酒”，中国黄酒走出国门，成为面向世界的又一张闪亮的名片。

显然，作为中国黄酒工业的有机组成之一，以绍兴鉴湖黄酒作坊为代表的绍兴黄酒工业从多维度向我们展示了这一黄酒酿造工艺所具有的独特价值。而在几千年漫长的实践中，中国人民用汗水和智慧逐步积累经验，不断完善，不断提高生产技艺，并孕育了具有地方特点与民族特色的黄酒文化，使中国黄酒享誉世界，名扬四海，可见黄酒工业的发展已然深嵌于中华文明的伟大进程中。

四　成为世界遗产：中国黄酒工业遗产的潜在实力与问题

绍兴鉴湖黄酒作坊这一国家工业遗产让我们看到了它所具有的多方位价值与独特魅力，同时也颇具代表性地展示了中国黄酒工业遗产所具有的申报世界遗产的潜力。对比欧洲大陆的葡萄酒工业遗产，中国黄酒工业遗产毫不逊色，甚至具有更丰富的特质与文化内涵。

（一）中国黄酒工业遗产的申遗实力

中国黄酒工业遗产是物质文化遗产与非物质文化遗产的结合体。黄酒生产的生产厂房等作为工业遗产具有鲜明的物质文化特点，而传统的生产技艺作为非物质文化遗产代代相传，是中国人民的经验产物。在世界范围内，能够将两种结合在一起的世界遗产并不多见，而这也是中国黄酒工业遗产的巨大优势。

1. 世界范围内的独一性

在世界遗产的申报中，对于遗产的核心要求是要具备“突出的普世价值”，其中之一是要能“表现人类创造力的经典之作”。相比于葡萄酒在法国、意大利、德国、匈牙利等多个国家的不同区域皆有生产，黄酒起源于中国，且只在中国内部得到了长足的发展。除了最具代表性的浙派与闽派黄酒，海派、苏派、鲁派等其他派系黄酒在酿造上各有千秋，同时因为地理环境的不同，不同区域的黄酒生产厂房有典型的地域特征，如绍兴黄酒厂房就采取了江南一带的苏式营造，“和而不同”的生产技艺与厂房建构使得黄酒工业在中国内部呈现出多样性，同时又使得其在世界范围内展现出独一性。此外，黄酒具有独特的药理功能，对于人体健康有着重要的保健作用。它含有品位较高的多种氨基酸、糖类、糊精、有机酸、酯类、维生素等浸出物及其他酒类中很少见的微量元素，加上适量乙醇作用于人体所产生的含热量，有利于人体营养和保健作用，同时，黄酒还应用在烹饪调味中的佐料和中药医治中的药引，具有最科学恰当的佐助酒品和药补保健作用。中国人民对于黄酒生产技艺的开发是当之无愧的人类智慧结晶。

2. 交融于中国传统文化中

不仅如此，“具有显著普遍价值的事件、活的传统、理念、信仰、艺术及文学作品，有直接或实质的连结”同样是评判世界遗产的重要标准之一。而我们可以发现，中国的黄酒工业与中国的传统文化紧密关联。在中国的历史长河中，酒在很长的一段时间内一直占据着举足轻重的地位，如历史上有名的“曲水流觞”，是酒与艺术结合的最佳典范，在中国文化史上有许多文人墨客都与酒有关，他们的诗词书画、戏曲文学都离不开酒的滋养。而黄酒在其中占据一席之地，如南宋陆游，元末的杨维桢、王冕，明朝的徐渭、张岱、王思任、陈洪绶，直至清朝袁枚、龚自珍、任伯年等的文学艺术作品，在近代英烈秋瑾，学界泰斗蔡元培，文学伟人鲁迅，都与黄酒紧密相关。由此可见，中国黄酒与中国文化有着千丝万缕的关系。中国文化如果没有黄酒，就不能这样美满，这样充实，这样有声有色，这样绚烂多姿。中国的黄酒促进了文化的发展，中国的文化又给黄酒以显要的地位。[①]

（二）潜在问题：保护与利用的碰撞

根据2014年规定的“世界遗产可持续旅游计划”，通过宣传相关政策、策略、框架和工具来进一步建设有利环境，支持可持续旅游的发展，将其视为一个重要载体来保护和管理具有“杰出的普遍价值”的文化与自然遗产成为世界遗产的又一保护与利用理念。不过，这一计划建立在“世界遗产”的“真实性”与“完整性”之上，之后才是“可持续利用”，宁可多一些保护，少一些利用。

但以绍兴黄酒为代表的中国黄酒产区更多的是考虑了未来的“可持续利用”问题。如《省政府办公厅关于推进黄酒产业传承发展的指导意见》（浙政办发〔2015〕115号）指出，“要加快创建绍兴越城黄酒小镇，建成若干个黄酒文化产业园，一批黄酒酿造传统技艺，民俗文化，老字号企业等得到有效保护和传承”，同时要“推进黄酒产业与文化、旅游紧密结合……打造集产业发展、文化展示、生态旅游为一体的黄酒文化小镇”。这些要求和改变都无可厚非，因为随着现代生产对于经济效益的需求，只有适应时代才能迸发出新的生命力。但这就很难保证中国各地黄酒工业产区的生产厂房等保持历史建筑的完整性，而黄酒的制酒工艺也在时代进步中加以不断创新，完全的纯手工古法制作也被现代的机械化操作所替代，同时人为营造旅游文化小镇势必对周围的建筑风格与环境产生影响，这些在一定程度上都将对黄酒工业遗产作为“遗产”而言的真实完整性产生了损害，如何解决“保护”与“利用”的碰撞也将成为中国黄酒工业遗产在世界申遗道路上的一大问题。

---

① 陈靖显：《黄酒与中国文化》，《中国酒》1997年第1期，第45—46页。

世界遗产铁桥峡谷的工业遗产话语变迁研究

曹福然*

摘　要　世界遗产的政治化引发了学界对遗产话语研究的关注和探讨。在此背景下，工业遗产在全球大遗产语境中经历了广泛而渐进的话语变迁历程。为探究其过程和成因，经过对世界遗产英国铁桥峡谷的详尽分析，提出其工业遗产话语经历了话语离散、话语聚焦和话语绑定三个阶段，并以此为基础，提炼与之相应的话语变迁模式和三方面成因。然后基于对21世纪遗产话语争夺与挑战的分析，提出工业遗产话语可能存在着的三大演化趋势。最后基于资料考据和数据分析，从历程概况、时代背景和文化条件简要分析了中国工业遗产话语变迁的基本情况。

关键词　工业遗产话语　话语变迁　铁桥峡谷　中国工业遗产话语

随着全球文化治理的集权化和世界遗产的政治化①，遗产的概念经历了持续性地延展与扩充，其研究视角也相应呈现出多元化、碎片化和跨学科的特点。在此背景下，国际学界开始更多地运用福柯的话语和知识权力理论②解构全球多元主体语境下的多层次遗产运动，使得融合了话语理论的遗产话语研究范式得以形成与发展，而其相关理论点似乎最早可追溯至英国学

* 曹福然，武汉纺织大学。

① 燕海鸣：《世界遗产的政治化与概念反思》，《中国文物报》2013年5月31日第6版。

② Foucault, M. *The Archaeology of Knowledge*. A. M. Sheridan (trans.). London: Tavistock Publications, 1972, p.21.

者黛博拉·鲍德温（Deborah Baldwin）1999年提出的遗产话语极化停滞（polarized suspension）现象①，启发了后来的苏珊娜·霍瑟（Susanne Hauser）等学者②。随后澳大利亚学者拉简·斯密斯（Laurajane Smith）在《遗产的用途》（*Uses of Heritage*）提出权威遗产话语理论（Authorized Heritage Discourse, AHD）③，指出西方事实存在把控和干预部分国家遗产阐释和管理的现象，引发亚洲尤其是中国学界部分学者的关注、解读和阐释，如傅翼（2019）④、侯松等（2013）⑤、吴宗杰（2012）⑥ 等。由此，遗产观照当前政治经济演化以阐释过去的话语建构属性开始被广泛性挖掘和接纳。另一方面，福柯在《话语和社会变迁》（*Discourse and Social Change*）中指出话语的生成和转向与复杂的社会演化息息相关⑦，表明不同话语系统对相应社会认知和历史表征具有一定范围内的普适性作用力和张力。由此，变迁的话语成为推演纷繁社会结构演进历程的有效“算法”之一，而作为语境意义单位存在的话语⑧在转变过程中，也相应引发了人类与社会建立关系所需现实模型的顺势转换与逐步演进。

曾长期远离文化遗产谱系，作为偏正短语和“整个人类文化遗产一部分的”⑨ 工业遗产（Industrial Heritage）同样在全球大遗产语境中经历了广泛而渐进的话语变迁历程。部分国家及地区在工业衰退后的相当长一段时期内，形成了显著的经济萧条和人口净流失浪潮，甚至引发严重的财政危机⑩，

---

① Deborah Baldwin. Experiencing Heritage: *Making Sense of Industrial Heritage Tourism*. UK: University of Bristol, 1999: 17.

② Hauser, S. (2001). *Metamorphosen des Abfalls: Konzepte für alte Industrieareal*. Frankfurt am Main/New York: Campus Verlag.

③ Laurajane Smith. (2006). *Uses of heritage*. London : Routledge.

④ 傅翼：《“网络”社会里的博物馆：意义持续再生的场所》，《中国博物馆》2019年第3期，第13—18页。

⑤ 侯松、吴宗杰：《遗产研究的话语视角：理论·方法·展望》，《东南文化》2013年第3期，第6—13页。

⑥ 吴宗杰：《话语与文化遗产的本土意义建构》，《浙江大学学报（人文社会科学版）》2012，42（05）：28－40.

⑦ Fairclough, Norman. *Discourse and social change*. Cambridge, UK: Polity Press, 1992.

⑧ Halliday, M. A. K. & R. Hasan. *Cohesion in English*. London: Longman, 1976.

⑨ 吕建昌：《近现代工业遗产博物馆的特点与内涵》，《东南文化》2012年第1期（总第225期），第111—115页。

⑩ 詹一虹、曹福然：《英国工业遗产开发的经验及启示》，《学习与实践》2018年第8期（总第134期），第134—140页。

同时与之相关的工业社区和群体陷入沉默螺旋并被迅速边缘化，随之遗留的厂房、机器和设备则被粗暴“打包”为“闲置工业设施”而遭到闲置、废弃甚至拆除，并在不同层级的话语内容、话语反馈中高频地与“乏味”(boring)“危险”(dangerous)等否定性语境产生紧密关联，充分表明彼时存在相当一部分的群体和个人拒绝认为曾经工作或彻底疏离的车间厂房中存在某种价值，也体现出其“被主流遗产话语边缘化”[①]。这直接导致不同文化系统中的各类工业建筑仅在工业衰退后的数十年间便均被摧枯拉朽般地连根拔起，并使得其所蕴含的包括工业精神（industrial spirits）等在内的各类价值在代际传递中（Smith，2006）几近销声匿迹，以至于直到2001年奥地利学者迈克尔·福斯（Michael Falser）还在UNESCO《全球战略研究：工业遗产分析》(*Global Strategy Studies: Industrial Heritage Analysis*) 中提出疑问：工业遗产在世界遗产名录中是否面临代表数量不足（under-represented）的问题?[②] 而近似的问题和呼声也同样存在于我国部分城市和地区，例如时任武汉市市长的唐良智先生就曾为工业遗产的大量消亡而痛感可惜[③]。

在20世纪中后期，第二次世界大战后的英国密集开启了依托工业遗产的城市复兴运动[④]，闲置的工业设施由此开启了“遗产化”的话语建构历程。1955年，伯明翰大学迈克尔·里克斯（Michael Rix）教授率先在期刊《业余历史学家》(*Amateur Historian*) 上从考古学角度对自18、19世纪以来所遗留的工厂、磨坊、机器等开启多维价值层面的勘察与挖掘[⑤]，似乎可以视作工业遗产话语变迁的起点。以此为基础，相关标志性的话语实践和与之相应的话语事件场随后开始了发展和勃兴，如：1968年和1973年相继成立

---

① Mike Robinson 著，傅翼译：《欧洲工业遗产的保护和利用：挑战与机遇》，《东南文化》2020年第1期（总第14期），第12—18页。

② Global Strategy Studies：Industrial Heritage Analysis [EB/OL]. [2020-04-08]. https://whc.unesco.org/archive/ind-study01.pdf.

③ 本报记者胡新桥、本报见习记者刘志月：《市长何时不再为工业遗产被拆喊冤》，《法制日报》2012年9月11日第4版。

④ Parkinson, M., 1944-, & Great Britain Department for Communities and, Local Government. (2009). The credit crunch and regeneration: Impact and implications: An independent report to the department for communities and local government/michael parkinson ... et al. London: Dept. for Communities and Local Government.

⑤ Rix, M. 1955. Industrial archaeology, Amateur Historian 2 (8): 225-229.

的伦敦工业考古学会（The Great London Industrial Archeology Society）和英国工业考古学会（The Association of Industrial Archaeology），1973年召开并于后期形成惯例的第一届工业纪念物保护国际会议（the First International Congress on the Conservation of Industrial Monuments, FICCIM），1978年成立的国际工业遗产保护协会（The International Committee for the Conservation of the Industrial Heritage, TICCIH），2003年和2018年相继通过的《下塔吉尔宪章》（*Nizhny Tagil Charter*）和《塞维利亚工业遗产宪章》（*Seville Charter of Industrial Heritage*）等。在此背景下，国际学界一众学者开始纷纷将工业遗产建构为"重要国家文脉""核心城市肌理""高价值综合体""历史性关键物证"等，同时各类社会资源也开始涌向工业遗产，引发工业遗产在全球大遗产语境中的话语显示度显著提升，并随之呈现出了较为明显的话语变迁历程。

地处英国什罗浦郡（Shropshire）的铁桥峡谷（Ironbridge Gorge）即是该话语变迁的代表地之一。在工业衰退初期，铁桥峡谷的很多核心工业遗产如铁桥等险遭政府彻底式拆除，却于1986年被建构为英国首个世界遗产和世界遗产中的首例工业遗产，由此成为工业遗产全球话语变迁的典型案例之一，其相关历程、成因及模式等具有较高的代表性和研究价值。为此，下文将就其所经历的话语变迁历程展开遗产话语的历时、共时性分析和总结，并依次提炼其变迁模式，分析其主要成因，研判其演化趋势，最后再从历程、时代背景和文化条件三个方面简要分析中国工业遗产话语变迁的基本情况。

一 历程概述

（一）工业衰退初期的话语离散

经过工业资本主义在19世纪末期和20世纪初期的深化发展，在全球首开先河进入工业革命的英国部分城市和地区也率先于20世纪中后期步入涵盖逆城市化、郊区化和去工业化的"交互式"复杂衰退期[①]，工业化进程作为有机体的种种弊端开始逐一暴露并由此引发一系列问题，例如经济萧条、

① Tallon, A. (2010). Urban regeneration in the UK (2nd ed) London; New York: Routledge (12).

社会隔阂、城市形象恶化、人口净流失和环境污染等，例如作为英国第二大城市和工业生产代表性核心地之一的伯明翰却在此刻被记录描述为工业污染之源而频繁遭到各种形式的鄙弃（disdain），甚至被话语标记为“世界车间”（world workshop）。为此，英国政府在彼时开启了城市复兴运动以寻求地区经济、文化的全面复苏，尽管客观为工业遗存提供了全新的发展阶段和可供转向的话语接口，然而依然有大量工业遗存在衰退初期不可避免地遭到了被闲置、废弃甚至直接拆除的威胁和挑战。

在此背景下，位于伯明翰西北30公里处的铁桥峡谷地区也面临着同样的问题。随着新技术和新工艺的发展、交通模式的转变和其他新型工业生产集散地的形成，该区进入持续性离散化（dispersal）发展阶段并迅速步入工业衰退期。为应对随之而来的新问题和新局面，一些包括后来被奉为世界级的核心工业遗产物在最初却被官方确立为待拆目标（scheduled for demolition）：例如1956年当地郡议会（the County Council）即发布了拆除铁桥并以修建新桥替代的官方公告[①]，其他相关工业遗存则被直接拆除[②③]，而同一时期这种拆除行为也在其他相关国家频繁发生，例如位于美国罗德岛州同样由铁铸造而成的Stillwater大桥就频繁被官方列入“待拆名录”中。

为尽量全面地反映与之相关的话语内容，笔者梳理了Social Sciences Citation Index及ProQuest Social Sciences等核心外文数据库中的相关专著、文献，并分析已收集到的铁桥峡谷第一手原文史料、数据和不同协会网站中的相关报道，再经过对6本专著或编著、49篇学术论文、35篇新闻报道、7余种旅游协会或相关企业宣传文本及其他互联网资料的考据性话语分析，提炼出了部分代表性个体化、组织化话语主体及其话语内容，详见表1。因此在本阶段，铁桥峡谷及其工业遗存所包含的巨大价值尚未获得官方话语平台和机构的认可，污染萧条的工业城市及地区形象话语迅速恶化，与之相关的描述话语、政策话语与数十种否定性语境相关联，而且绝大多数话语主体及施

---

① The Iron Bridge［EB/OL］.［2020-04-09］.https://en.wikipedia.org/wiki/The_Iron_Bridge

② Hilary Orange (Ed). Reanimating Industrial Spaces: Conducting Memory Work in Post-industrial Societies. UK: UCL Institute of Archaeology Pubications, 2014: 36, 83, 144, 202.

③ Judith Alfrey & Catherine Clark. The landscape of industry: patterns of change in the Ironbridge Gorge. London & New York (NY): Routledge, 1993: 30, 57, 78, 82, 99, 140, 165, 200, 219, 230.

行者为个人，呈现出较为明显的话语离散现象，也反映出彼时人们对工业遗存具有较为明显的否定性倾向化表达。

表1 部分代表性各类个体化组织化话语主体基本情况表

话语对象	话 语 内 容	话语类别	词性归属
铁桥峡谷	polluted（被污染的） nasty/dirty（有害的、脏的） noisy（嘈杂的） boring（乏味的） ……	描述话语	形容词
	tear down/put it down（拆毁） (scheduled for) demolish（拆除） get rid of（除去） run away（逃离） …	政策话语	动词（词组）
	pollution（污染） removal（移动） demolition（毁坏） wasteland（荒地） …	描述话语、政策话语	名词

（二）保护与价值挖掘时期的话语聚焦

铁桥峡谷的巨大价值早在其建成初期便已具备一定的话语显示度，吸引全球包括工程师、旅行者、学者、艺术家在内的不同阶层人士的造访。例如，英国18世纪最著名的旅行作家之一John Byng子爵在1784年即宣示其为奇观而“必须为世界敬仰”[①]，而BBC称其为英格兰七大奇观之一，并将其与中国长城和埃及金字塔相提并论。这些在一定程度上为规避、消解铁桥峡谷大量工业遗产物在后期的“拆除向”政策话语奠定了较好的话语准备，例如：据《布罗斯利地方历史协会》（*Broseley Local History Society*）所载，1956年郡议员布里格迪尔·高伯恩（Brigadier Goulburn）与彼时专程造访铁桥峡谷以示敬意的三名日本旅行者的一次偶然性交谈，对“拆除”提议的最

---

① Neil Clarke. john byng's visits to broseley. The journal of the broseley local history society: Broseley Local History Society, Issue No.20, 1998 (6-8).

终撤销产生了重要作用[①]。此后，地方社区开始自发地形成旨在保护铁桥峡谷并挖掘其价值的民间社会组织和小型团体，随后一些相关企业、非政府组织、协会及政府部门等利益相关者也相继成立或参与其中，详见表2。同时被公认为“遗产运动血脉”（lifeblood）[②] 的庞大志愿者团体为铁桥峡谷的保护与价值挖掘做出了重要贡献，例如：英国慈善委员会（Charity Commission）数据表明志愿者在铁桥谷博物馆基金会（IGMT）年收入总额中所占比重高达近50%[③]，而志愿者也成了铁桥峡谷价值和意义话语的阐释者、保护者、建构者和受益者。与此同时，IGMT等组织还通过将铁桥峡谷抽象为一种文化符号和基于各类介质配置的多模态话语（如图1所示），行之有效地使其融入艺术创作及普罗大众的日常生活中，从而最为广泛和发散地宣扬了其蕴含的工业精神与工业文化。

表2　部分代表性各类组织化话语主体基本情况表[④]

类　别	话语主体名称	话语实践
非政府组织	铁桥峡谷博物馆基金会（Ironbridge Gorge Museum Trust） 塞文峡谷乡村基金会（Severn Gorge Countryside Trust）	修缮和维护核心工业建筑 管理640英亩的林地、草场
企业	泰尔福德开发公司（Telford Development Corporation）	工业建筑的市场化运营
政府咨询人	英国历史建筑及历史遗迹委员会 （The Historic Buildings and Monuments Commission for England/Historic UK）	为政府制定工业遗存相关的遗产类政策提供建议
协会社区组织	煤溪谷档案协会（Coalbrookdale Archives Association） 英国遗产联盟（Heritage Alliance）	抢救相关书籍、档案、物品 记录相关史实、举办研讨会

---

① “John Wilkinson and the Iron Bridge”（http：//www. broseley. org. uk/Archive/Broseley/Iron%20bridge.htm）. Broseley Local History Society. Retrieved 4 April 2014.

② Great Britain Office of Arts, and Libraries.（1991）. Volunteers in museums and heritage organisations：Policy, planning and management. London：HMSO.
Goodlad, S.（1998）. Museum Volunteers：Good practice in the management of volunteers/Sinclair Goodlad and Stephanie McIvor. London：Routledge.
Walton, P. J.（1999）. In British Association of Friends of Museums（Ed.）, the handbook for heritage volunteer managers and administrators/by Peter Walton. Glastonbury：British Associa tion of Friends of Museums.

③ 数据引自英国慈善委员会官网：https：//apps. charitycommission. gov. uk/Showcharity/RegisterOfCharities/CharityWithPartB.aspx?RegisteredCharityNumber=503717&SubsidiaryNumber=0.

④ 相关资料整理自各类组织官方网站、相关史料及互联网。

续表

类 别	话 语 主 体 名 称	话 语 实 践
学术组织及科研机构	煤溪谷文艺与科技中心 (Coalbrookdale Literary and Scientific Institution) 铁桥研究中心(Ironbridge Institute)	开展相关学术研究 开展工业文化教育(本硕博) 举办国际学术会议
政府部门	什罗浦郡议会(Shropshire County Council)、泰尔福德和里金议会(Telford & Wrekin Council)、ICOMOS UK	协调地区保护计划的制定 提供修缮项目的资金支持

图1 瓷杯和硬币上的铁桥峡谷形象①

工业遗产的文化和技术双重属性使得技术的突破性和重要性也成为衡量工业遗产的重要指标之一。为此，工程师、史学家及学者们将铁桥峡谷涵盖的技术革新具化为亚伯拉罕·达尔比(Abraham Darby)家族的重要贡献，并通过首先设定的话语预设(presupposition)：Darby I使用焦炭炼铁(smelted iron with coke)② 为世界首创，再以此为基础解读其为"最为大胆的材料创新"和"最为重要的技术突破"③ 等描述话语，尔后通过将其阐释为"启动了工业革命"和"人类第一次工业革命的炼铁革新中枢"④⑤ 等宣示话语，有效

① 图片引用于 Hay, G. D. (1986). In Stell G., Royal Commission on the Ancient and Historical Monuments of Scotland (Eds.), Monuments of industry: An illustrated historical record/geoffrey D. hay and geoffrey P. stell. (Edinburgh): Royal Commission on the Ancient and Historical Monuments of Scotland.p.14, 21.

② Booth, G. (1973). Industrial archaeology/geoffrey booth. London: Wayland.

③ History of Ironbridge — Ironbridge Holidays [EB/OL]. [2020-04-09]. https://ironbridgeholidays.co.uk/history-of-ironbridge.

④ History of Iron Bridge | English Heritage [EB/OL]. [2020-04-09].

⑤ Ironbridge Gorge-World Heritage Site-Pictures, Info and TravelReports [EB/OL]. [2020-04-09].https://www.worldheritagesite.org/list/Ironbridge+Gorge.

地在价值和意义话语范畴上实现了话语层级的纵向跃迁，由此塑造并构成了地区甚至英国“工业精神”（industrial spirit）的话语张力，以至于直到2001年10月IGMT和Historic UK还合作利用考古、历史、影像调研和3D CAD模型研究该工程奇观（engineering wonder）的具体建造细节。另一方面，工业遗产的高昂维护成本也是促使其多被拆除的重要成因之一。然而就铁桥而言，1781年其修建成功时总耗资约为6 000英镑[①]，然而后期的修缮维护费用却高达约15万英镑[②][③]且仍在持续性增加，这既体现出社会资源向铁桥峡谷的分流，也侧面体现各界已从最初的排斥转变为对铁桥峡谷工业遗产价值的充分认可。

经分析，部分代表性各类个体化、组织化话语主体的话语内容出现了结合多模态话语的聚集现象，涵盖的话语类别出现了副词性的行动话语，详见表3。因此在本阶段，社区、志愿者和各类组织成为铁桥峡谷的主要话语施行者和话语平台，并通过聚焦后的话语内容形塑了铁桥峡谷工业遗产价值的话语体系。同时，各主要利益相关者还基于核心人物叙事话语的生动建构，形成具体事实与抽象含义的自我指涉和互为引证，并为原本濒临拆除的铁桥峡谷各核心工业遗产物配置具有积极意义的语意照应和多模态话语，由此有效形成了意义聚焦的话语事件场。

表3　部分代表性各类个体化、组织化话语主体基本情况表

话语对象	话 语 内 容	话语类别	词性归属
铁桥峡谷	significant（意味深长的） marvelous（非凡的） outstanding（杰出的） splendid（辉煌的） necessary（必需的） distinctive（与众不同的） sustainable（可持续的） …	描述话语 政策话语	形容词

① Vanns, M. A., author. (2003). In Ironbridge Gorge Museum Trust, issuing body (Ed.), Witness to change : A record of the industrial revolution : The elton collection at the ironbridge gorge museum/ michael A. vanns Hersham, Surrey : Ian Allan Publishing, 2003.

② Emma Kasprzak (26 November 2011). “Iron Bridge ‘may have been scrapped’ ” (https: //www.bb c.co.uk/news/uk-england-shropshire-15871626). BBC News. Retrieved 28 March 2020.

③ “Ironbridge Gorge gets £ 12m government grant” (https: //www.bbc.co.uk/news/uk-england-shropshire-19817664). BBC News. 4 October 2012. Retrieved 13 April 2014.

续表

话语对象	话 语 内 容	话语类别	词性归属
铁桥峡谷	plan（计划） coordinate（协同） encourage（鼓励） establish（建立） contribute（贡献） protect（保护） repair/renovate（修复/更新） preserve/conserve（保存/维护） engage（参与） interpret（阐释） …	政策话语	动词（词组）
	significance（意义） removal（移动） demolition（毁坏） wasteland（荒地） management（管理） operation（运营） …	描述话语 政策话语	名词
	actively（积极地） promotly（迅速地） …	行动话语	副词等

（三）"工业革命发源地"的话语建构与成为"世界遗产"前后的话语绑定

在由IGMT等各类组织构成的不同层级"话语施行者群"长达近30年的维护、管理和运营过程中，很多具有地标意义的复杂工业设施和地区得以发掘和修缮，如运河、桥梁、机械装置和铁道等，而IGMT围绕铁桥峡谷工业生产业态（装饰性铁制品、瓷砖、瓦片、瓷制器皿等）修建的十座工业遗产主题博物馆更是对彼时工业革命的原真性重现与活态化演绎①。以此为基础，经过前一阶段的话语聚焦，新的话语内容和话语平台开始寻求从新的角度完成对铁桥峡谷核心价值的阐释与传播。以传统纸媒为例，1975年

① Beale, C., author. (2014). In Ironbridge Gorge Museum Trust, issuing body (Ed.), The ironbridge spirit: A history of the ironbridge gorge museum trust/by catherine beale Coalbrookdale, Shropshire]: Ironbridge Gorge Museum Trust, 2014.

Edmund Morris 在《纽约时报》(*The New York Times*)[①] 提出铁桥峡谷是世界产生不可逆转改变的发源地，1983 年 Trevor Holloway 等则在《芝加哥论坛报》(*Chicago Tribune*) 直接提出铁桥峡谷就是工业革命的发源地 (birthplace)[②] 等，同类说法随后也出现在了很多话语平台和话语内容中，例如 2016 年 7 月 9 日的《太阳报》(*The Sun*) 等[③]。除此之外，一些具有仪式意义与制度形式的话语事件也丰富了铁桥峡谷的价值维度与资源禀赋，如 ASM 首座北美之外的历史地标奖 (Historical Landmark Award) 便颁给了铁桥峡谷[④]。为直观反映与之相关的话语内容，现按频度“高—中—低”三档将铁桥峡谷部分代表性话语内容归纳如表 4 所示：

表 4　部分代表性铁桥峡谷工业遗产话语内容

<table>
<tr><th>话语对象</th><th>话　语　内　容</th><th>频度</th></tr>
<tr><td>Ironbridge
Gorge
铁桥峡谷</td><td>Industrial Revolution Birthplace (工业革命发源地)
the most extraordinary district in the world (全球最为非凡的地区)
pioneers/dawn of Industrial Revolution (工业革命的先锋/黎明)
Origin of Industrial Revolution (工业革命之源)
inspirational symbol of the Industrial Revolution (工业革命鼓舞人心的象征)
cradle of the Industrial Revolution (工业革命的摇篮)
Top12 UK Must-see (英国 12 大必去之处)
…</td><td>高</td></tr>
<tr><td>Darby
家族</td><td>propelled the industrial revolution (驱动工业革命)
catalyzed industrial revolution (“催化”了工业革命)
engineering genius (天才工程师)
extraordinary talents (非凡的天才)
cutting-edge engineering (尖端工程学)
…</td><td rowspan="2">中</td></tr>
<tr><td>Ironbridge
铁桥</td><td>engineering wonder (工程学奇观)
British heritage icon (英国遗产图标)
the most important bridge ever built (有史以来最为重要的桥梁)
…</td></tr>
</table>

① Edmund Morris.Ironbridge: Where the World as Irrevocably Changed [N]. The New York Times, April 20, 1975.

② Trevor Holloway, Christian Science Monitor. Industrial Revolution Birthplace [N].Chicago Tribune, November 1, 1983.

③ MARK WILLEY. Take a trip to historical Ironbridge Gorge in Shropshire, birthplace of the Industrial Revolution [N]. The Sun, 9 Jul. 2016.

④ ASM Historical Landmarks [EB/OL]. [2020 - 04 - 08]. https://www.asminternational.org/membership/awards/historical-landmarks.

续表

话语对象	话　语　内　容	频度
Foundary 铸造厂	must not be forgotten（不应被遗忘） …	低

由表4可以看出，经过话语聚焦的铁桥峡谷在本阶段开始出现“铁桥峡谷是工业革命发源地”的话语建构倾向，再经由权威性话语施行者、组织化话语主体在不同媒介的反复强化和语义扩展，铁桥峡谷逐渐形成了与“（第一次）工业革命”进行话语绑定的趋势。在1986年成为英国首例世界遗产和世界遗产名录中首例工业遗产之后，铁桥峡谷依托ICOMOS的申遗理由文件在全球遗产语境中宣示“对人类历史产生广泛影响的工业革命在非凡的铁桥峡谷得到了具体表达（embodied）”[①]，并最终通过UNESCO世界遗产中心的绝对权威性定义“铁桥峡谷作为工业革命的象征而闻名世界”[②]完成话语绑定。随后，各类组织、机构和个体开始频繁使用、引证和传播这一“工业革命发源地”论点，例如Historic UK、英国广播公司（BBC）、英格兰旅游局（VisitEngland）、不列颠时间旅行网（time travel-Britain）等，甚至作为营销噱头出现在各类商业广告中[③]，并吸引英国女王的专程造访[④]，而作为创意产业发源地的英国[⑤]也开始将铁桥峡谷作为重要文旅开发资源，并为之匹配相应的金融政策和文化政策。

因此，在本阶段，依托各类文体所形成的显著性话语束，和UNESCO和ICOMOS等国际大遗产语境中权威话语施行者的高强度话语宣示、结构化推介和制度化引证，民间团体和个人开始自发地出现反复强化的群体式

---

① ICOMOS. Advisory Bodies Evaluations of Ironbridge Gorge.World Heritage Center，1986.

② World Heritage Center.Ironbridge Gorge［EB/OL］.［2020－04－11］.https：//whc.unesco.org/en/list/371/.

③ MADE IN THE IRONBRIDGE GORGE AND Made in Great Britain［EB/OL］.［2020－04－11］. https：//ironbridge-bicycles.co.uk/about/made-in-great-britain/.

④ “Royal visit timetable”（https：//web.archive.org/web/20050311115032/http：//www.bbc.co.uk/shro pshire/features/2003/07/queen_ visit.shtml）. 9 July 2003. Archived from the original（http：//www.bbc.co.uk/shropshire/features/2003/07/queen_ visit.shtml）on 11 March 2005. Retrieved 9 October 2009.

⑤ 曹福然，詹一虹：《国外公共文化服务供给体系建设及启示》，《图书馆工作与研究》2019年第2期（总第18期），第18—25、61页。

话语反馈，促成铁桥峡谷与“工业革命发源地”话语绑定的完成。与此同时，成为世界遗产后的话语约束机制与语用规范也持续性地强化了铁桥峡谷具有象征内味的巨大意义，并深化了其源于话语生态的持续性遗产资本化现象。

二　铁桥峡谷话语变迁的模式及成因分析

基于历程概况的分析，经由话语离散、话语聚焦和话语绑定三个阶段的演化，铁桥峡谷完成了持续性的话语变迁历程，笔者将其对应模式进行了归纳和提炼，具体如图 2 所示：

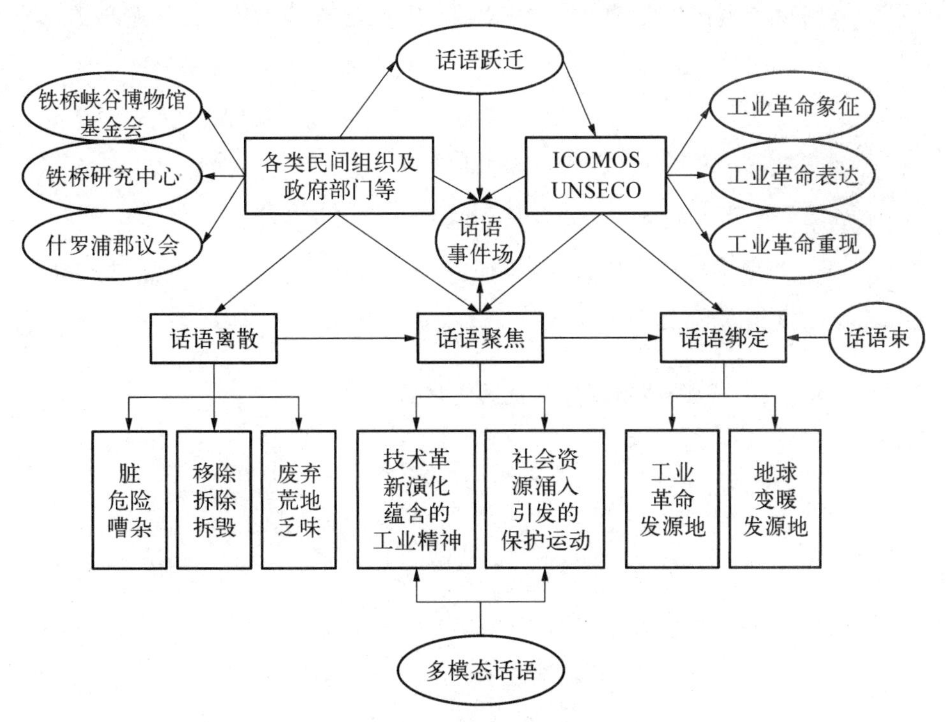

图 2　铁桥峡谷话语变迁模式简图

同时笔者认为，该话语变迁绝非偶然，彼时世界和英国城市管理理论、经济发展需求和文化价值认同的协同演化是驱动其发展的宏观背景，主要成因则可归为三个方面。

（一）迎合了 UNESCO 等所建构的权威遗产话语体系

UNESCO 在全球推进的多层次世界遗产运动对保护人类的文化多样性和集体记忆起到了不可估量的重要作用，然而同时也应当清醒认识到，该运动最初便以现代史观和欧洲中心论遗产思想为基础和内核，并围绕其建构了一套根植于西方文化与价值取向的国际遗产知识和话语体系，由此实现了对边缘群体遗产认知与话语实践的干预和掣肘。而该话语体系过分强调“完整性”和“原真性”的规则[①]又时常制约非西方国家的遗产管理与认定，例如我国唯二入选世界遗产名录的工业遗产“中国大运河”在申遗过程中就被该话语体系所“绑架”[②]。

铁桥峡谷则很好地迎合了该话语体系，其依托符合西方审美的物质资源所建立的十座工业遗产主题博物馆，和 ICOMOS 认定的五大核心工业遗产区：煤溪谷（Coalbrookdale）、铁桥（Ironbridge）、干草溪谷（Hay Brook Valley）、杰克菲尔德（Jackfield）、科尔波特（Coalport）在资源禀赋和现存状况上均符合 UNESCO 等权威遗产机构和话语权群体的理念与要求。另一方面，世界遗产运动在 20 世纪中后期尚未形成如今的全球级热门文化现象，因此 UNESCO 世界遗产中心也颇为需要铁桥峡谷对其在全球遗产话语体系中进行精准的实践调试和有效的话语强化。

（二）契合了英国城市复兴和社区文化需求

经历两次世界大战的英国城市和社区有着强烈的文化和经济复苏需求，第一次工业革命的勃兴、衰退也与彼时城市化阶段的转换息息相关，两者天然密不可。与此同时，在审美需求转变、社区集体记忆重塑和环保技术手段革新等多重因素作用下，见证工业生产由辉煌到没落的地方工业社区逐渐自发地掀起了地方工业遗产保护运动，迅速成为工业遗产的阐释者、保护者、建构者和受益者（如图 3 所示），并与城市管理者的复兴手段、现实需求和政策话语等方

---

① UNITED NATIONS EDUCATIONAL, SCIENTIFIC AND CULTURAL ORGANISATION, WORLD HERITAGE CENTRE.Operational Guidelines for the Implementation of the World Heritage Convention. WHC. 13/01, July 2013.

② 刘朝晖：《“被再造的”中国大运河：遗产话语背景下的地方历史、文化符号与国家权力》，《文化遗产》2016 年第 6 期，第 60—67、158 页。

面实现了很好的契合，因此原本濒临拆除的工业遗产在地方遗产话语实践中逐渐成为城市复兴的有效驱动力和必备文化条件。尤其是在生态学理论出现泛化趋势之后，出现了批判主义者关于铁桥峡谷为全球变暖发源地的论断[1]，社区文化的及时介入、城市复兴运动的快速推进和英国中央及地方环保部门的广泛协同在城市及地区的广泛性遗产话语实践中则形成了良好的均衡博弈关系体，由此有效地推动了工业遗产话语的持续性变迁与历时性转向。

图 3　铁桥峡谷十大工业遗产主题博物馆之一——生态博物馆布里茨山维多利亚镇（Blists Hill Victorian Town）中一位源于本地社区的工作人员，她身着 19 世纪末维多利亚时代什罗普郡城镇的服装，成为彼时工业生产场景的阐释者、保护者、建构者和受益者[2]

（三）获得了社会资源的涌入

工业遗产由于占地广、体积大等特点，其保护和运营成本耗资巨大，

① Campaign group：Ironbridge's industrial revolution started climate change — and it's up to us to fix it ｜ Shropshire Star［EB/OL］.［2020－04－014］. https：//www.shropshirestar.com/news/local-hubs/telford/ironbridge/...rial-revolution-started-climate-change-and-its-up-to-us-to-fix-it/.

② 图片由笔者自摄于 2016 年 11 月 18 日。

这也成为很多国家和地区不得不将其闲置、拆除的重要成因之一（如图 4 所示）。就铁桥峡谷而言，在前文提及的 15 万英镑修缮成本之后，仅在 2012 年英国政府就斥资 120 万英镑以“拯救”铁桥峡谷①，而 2017 年的修复花费原本也应为 120 万英镑②，然而次年该数据则被修正为 360 万英镑③，充分体现了其修复成本之高，因此铁桥峡谷及其价值在最初并未在英国成为主流遗产话语也在情理之中。然而得益于 IGMT 等各类组织提供的有效资金来源④，尤其是社区民众和其他基金的慷慨捐助⑤，一些文化遗产相关的社会资源向铁桥峡谷倾向的趋势在后期逐渐形成。而在 Historic UK、ICOMOS 和 UNESCO 等权威话语主体的渐进式协同干预下，新的社会资源也开始向铁桥峡谷涌入，在为工业遗产保护和管理提供资金人员等多方支持的同时，也极大地提升了工业遗产在全球大遗产语境中的话语显示度和传播力。

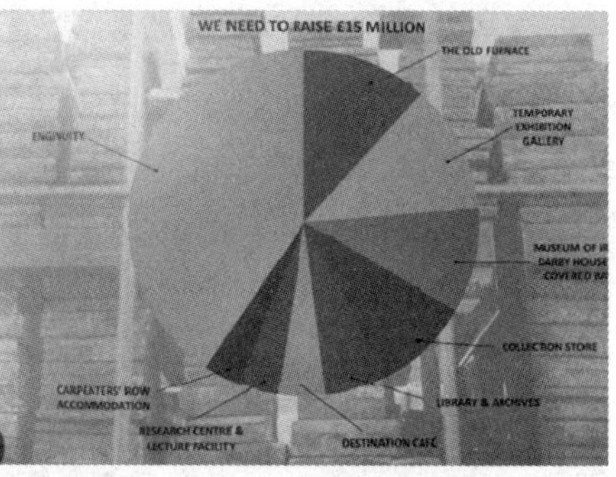

图 4　IGMT2017 年发布的 1 500 万英镑募捐计划及捐款用途宣传册，标语为“以彰显煤溪谷是如何改变了世界”

---

① Government pledges £ 12 million to save British heritage icon Ironbridge Gorge [EB/OL]. [2020 - 04 - 014]. https://www.gov.uk/government/news/government-pledges-12-million-to-save-british-heritage-icon-ironbridge-gorge.

② “Telford-The builder of Britain” (https://www.bbc.co.uk/shropshire/content/articles/2005/04/09/great_ salopians_ telford_ feature.shtml). BBC Shropshire. BBC. Retrieved 18 December 2019.

③ “Buildwas Bridge, site of” (http://www.engineering-timelines.com/scripts/engineeringItem.asp?i d=1314). engineering timelines. Retrieved 11 December 2019.

④ Cudny, Waldemar. (2017). The Ironbridge Gorge Heritage Site and its local and regional functions. Bulletin of Geography. Socio-economic Series. 30. 67 - 75. 10.1515/bog-2017-0014.

⑤ “Coalport Bridge” (https://www.gracesguide.co.uk/Coalport_ Bridge). Grace's Guide. Retrieved 17 December 2019.

三 21世纪的话语争夺、挑战与演化趋势分析

当前，由工业衰退直接引发的工业遗产闲置、荒废和拆除问题已在全球一些国家和地区几乎镜像般存在，这一方面说明各国工业社会的经济发展水平间差距在多年经济全球化推进下出现了一定程度上的缩小趋势，另一方面也暗示人类社会结构和制度构成在向后工业社会迈入过程中有可能会出现近似的国家需求与文化样态，因此随之引发的遗产话语争夺和遗产话语权博弈就显得不足为奇了。以英国铁桥峡谷为例，其与“工业革命发源地”的话语绑定就面临着多方话语争夺，如有英国学者在《曼彻斯特报告》（*Manchester Report*）中提出曼彻斯特才是工业革命的发源地①，而美国学者 John G. Crofts 则提出德文特河谷（Derwent Valley）才应当被认同为工业革命的源头所在②等。同时在英文维基百科关于铁桥峡谷的词条中也提出：“铁桥峡谷为工业革命发源地”的这一说法实源于各国旅行者们③，并且这一论断也在 TripAdvisor 等在线旅行社区的相关数据和文本内容中得到了印证。

与此同时，工业遗产本身也在21世纪后面临挑战。2011年10月，为应对18世纪至第一次世界大战期间面临腐朽、废弃和拆除风险的工业遗产问题，英国启动了旨在研究和阐释相应解决方案的“英国遗产：处于危机之年的工业遗产”活动（English Heritage's“Industrial Heritage at Risk Year”）④，甚至专门探讨荒废之地的 Derelictplaces 网站还为工业遗产专门开辟了子栏目“industrial sites”，笔者粗略统计其中罗列了超过4 000处被边缘化的废弃工

---

① Terry Wyke. Manchester: industrial revolution's birthplace poised for green renaissance: Submissions to the Manchester Report, a project to find the solution to climate change. The Guardian, May 29, 2009.

② Crofts, John G. The Original “Silken Valley”: How and Why the Derwent Valley Became the Birthplace of the Industrial Revolution.” Proceedings of the ASME 2002 International Mechanical Engineering Congress and Exposition. Technology and Society and Engineering Business Management. New Orleans, Louisiana, USA. November 17－22, 2002. p. 15. ASME. https://doi.org/10.1115/IMECE2002-33134.

③ Ironbridge [EB/OL]. [2020－04－014]. https://en.wikipedia.org/wiki/Ironbridge.

④ Michael Nevell (2011) Editorial — Industrial Heritage at Risk, Industrial Archaeology Review, 33:2, 79－80, DOI: 10.1179/174581911X13188747258667.

业遗存。因此，这些在限定传播范围和话语对象中已获取一定影响力的工业遗存的现实性和可持续性“存活”问题便成为不可规避的难题，同时其为了获取话语显示度和社会资源分流，势必也会对现有主流工业遗产发起一定范围内的话语挑战和权威遗产话语消解运动。为此，铁桥峡谷相应采取了很多措施，例如IGMT联合Historic UK、工业考古协会（Association of Industrial Archaeology）、英国独立博物馆协会（Association of Independent Museums）等于2014年7月启动了“工业遗产支持专员”项目（Industrial Heritage Support Officer），旨在为已有的超过650处可公开访问工业遗产及相关遗址地解决一些结构性问题，例如：如何丰富资金来源渠道，如何寻求专业化建议，如何拓展旅游业市场，如何增加合作伙伴，如何提供专业化培训和如何搭建地方关系网，等等。然而尽管如此，即使在工业遗产保护和管理取得巨大成功的英国，依然在诸如专业技术水平、综合治理能力、遗产管理实践、遗产保险金融等紧迫问题上面临着严峻的考验和挑战。

另一方面，2019年12月，经过5个月的筹备工作和超过250万工时的投入，铁桥峡谷核心工业遗产之一——四座双曲冷却塔（Ironbridge hyperbolic cooling tower）被定向爆破拆毁，45 000吨钢筋混凝土的消亡过程总耗时未逾10秒，尽管其曾受到各类媒介话语中高频出现。由此，表明即使是铁桥峡谷这样的世界遗产也难以完美调和其与经济发展、城市规划和社会变迁之间的固有矛盾①，实现工业遗产全面性、持续性和高融合性的维护和存有依然任重道远。

鉴于此，笔者谨就工业遗产话语的演化趋势做出三点研判：

（一）工业遗产的话语显示度将持续提升、遗产话语争夺将日渐激烈

随着越来越多的国家和地区相继进入去工业化、逆工业化、逆城市化的发展阶段，势必会有更多的工业遗存自觉或被动地卷入全球文化政治与文化经济的“博弈场”，因此不同政府、团体及个体对工业遗产的不同需求之间

① Explosive design underway at Ironbridge [EB/OL]. [2020-04-014]. https://www.khl.com/demolition-and-recycling-international/explosive-design-underway-at-ironbridge/142264.article.

很有可能会发生不同程度的冲突与角力。尽管随着工业遗产话语显示度在全球大遗产语境中的持续性增强，但是也应当认识到在逆全球化苗头愈演愈烈的当前，国家间国际遗产话语权关系也将呈现复杂化与动态化的趋势，遗产与政治捆绑的局面将在短时间内很难得到扭转和调和。与此同时，工业遗产话语自身的其他类遗产竞争对手体量也将持续性增加，这就进一步使其原本就“较小的市场规模”[①] 将面临更为严峻的挑战。

（二）工业遗产面临的挑战将不增加

在全球工业遗存数量持续性增加的同时，势必导致全球会有更多的工业建筑、设备、机器被无可避免地闲置、废弃甚至直接拆除，由此有可能会引发工业遗产保护及管理理论的分化和异化，以及全球遗产话语体系固有结构的压缩和改变。与此同时，在各国生态环保要求、经济发展指标和审美标准不断提升和变化的宏观时代背景下，城市景观的更新速率和土地置换进程均被不断加快，也可能会更多地出现工业遗产保护对城市生态体系、经济发展层次和群体个性化需求的妥协，工业遗产一直面临的“存续性”威胁将很有可能随之出现扩大化、制度化和复杂化的趋势。

（三）后工业社会中的工业遗产将出现“空心化”现象

后工业社会的出现反映了大多数城市在人口构成、产业结构、经济文化需求等多方面的变迁与演化[②]，这不仅天然与工业遗产的存亡息息相关，同时也对工业遗产操盘者的保护手段、管理水平和资源渠道等提出了更高的要求，例如作为重要话语对象的青年群体成长于远离工业生产的后工业社会，极易导致其与工业遗产的交流失败。由此，在工业遗产保护与管理成本不断提高的现实压力下，包括被西方学界所诟病的“漫画式”等在内的仅仰赖有限媒介以完成工业遗产保护、阐释、传播和调节的手段将有可能出现普及化

---

① 迈克尔·罗宾逊：《欧洲工业遗产的保护和利用：挑战与机遇》，傅翼译：《东南文化》2020（1）：12－18（17）.

② Bell, Daniel（Daniel A）.（1976）. The coming of post-industrial society：A venture in social forecasting/daniel bell. Harmondsworth：Penguin.

的倾向，由此可能会随之导致原本以延续城市历史、保存国家文脉、传播工业文化和弘扬工业精神为重要价值话语来源的工业遗产出现一定程度上的“异化”“空心化”和“边缘化”现象，不利于怀旧情怀的激活和场所精神的重现。

四　中国工业遗产话语变迁简析

（一）历程概况

第一，2006年是中国开始从国家和国际层面关注工业遗产的重要标志性年份之一，标志性事件主要有三：（1）2006年4月18日首届中国工业遗产保护论坛通过首个旨在保护工业遗产的纲领性文件《无锡建议》[①]，是为国家层面关注工业遗产的开端；（2）2006年5月国家文物局发布《关于加强工业遗产保护的通知》，首次从国家层面展开针对工业遗产的普查与保护工作；（3）2006年10月17日ICOMOS在西安召开第十五届国际古迹遗产大会并将当年“国际古迹遗址日”（The International Day for Monuments and Sites）主题确立为“工业遗产”（Industrial Heritage），表明中国已深入国际遗产语境中探究工业遗产。

第二，工业遗产的政策显示度不断提升并呈现多样化的趋势。工信部于2017年、2018年底公布两批《国家工业遗产名单》，并与一些高校及科研机构展开合作（如2017年底与华中师范大学共同成立的中国工业文化研究中心等），2018年1月中国科协发布《中国工业遗产保护名录（第一批）》[②]，这些都显现国家层面对工业遗产问题的关注。同时《“十三五”旅游业发展规划》指出“支持老工业城市和资源型城市通过发展工业遗产旅游助力城市转型发展”[③]，《湖北省旅游业发展十三五规划》《武汉市旅游业发展十三五规划》也指明发展工业遗产旅游或工业旅游，体现当前中国已经开始关注工

---

① 《无锡建议》首倡工业遗产保护［J］.领导决策信息，2006（18）：18.

② 《中国工业遗产保护名录（第一批）正式发布》［EB/OL］［2020-04-14］：http：//www.cast.org.cn/n200685/c57896756/content.html.

③ 《“十三五”旅游业发展规划》，《中国旅游报》2016年12月27日第2版。

业遗产的产业化开发问题。随着文化产业的勃兴、创新需求的增强、遗产认知的发展、城市管理理念的转变及旅游审美的改变，工业遗产旅游对中国工业文化发展上的促进作用将日益凸显。

第三，工业遗产的学术话语体系正逐渐形成且各有侧重。2006 年之后，中国相关学者从不同侧重点对工业遗产进行阐释并已取得一定的研究成果，其中部分观点具有趋同性：如吕建昌（2008）[①]、刘迪等（2009）[②]、谢飞帆等（2009）[③] 从博物馆的角度研究工业遗产的保护与开发；马潇等（2009：14）[④]、李纲（2012：128）[⑤]、徐柯健（2013：16）[⑥] 及徐子琳（2013：50）[⑦] 指出工业遗产旅游开发有助于延续地域及国家文脉；刘伯英（2016：4）[⑧] 则强调了其作为关键性文化标注，在充当国家及地区经济转型证据等方面发挥了重要作用；吴相利（2002：75）[⑨]、张金山（2006：1）[⑩]、杨宏伟（2006：72）[⑪] 及邢怀滨（2007：16）[⑫] 认为其有助于推动城市经济的发展及产业结构的调整等。

第四，工业遗产在国家级话语平台的显示度不断提高。《关于加强工业遗产保护的通知》明确指出"工业遗产列入各级文物保护单位的比例较低"[⑬]，

① 吕建昌：《略论近代工业遗址博物馆》，《中国博物馆》2008 年第 1 期，第 36—42 页。

② 刘迪，于明霞：《论工业遗产的博物馆化保护》，《博物馆研究》2009 年第 4 期，第 7—12 页。

③ 谢飞帆、盛洁桦：《开发工业遗产旅游：对俄亥俄州托莱多城吉普车博物馆计划的个案研究》，《杭州文博》2009 年第 1 期，第 145—152 页。

④ 马潇、孔媛媛、张艳春、李杰美、王美娟、苏学影：《中国资源型城市工业遗产旅游开发模式研究》，《资源与产业》2009 年第 5 期，第 13—17 页。

⑤ 李纲：《中国民族工业遗产旅游资源价值评价及开发策略——以山东省枣庄市中兴煤矿公司为例》，《江苏商论》2012 年第 4 期，第 126—129 页。

⑥ 徐柯健、Horst Brezinski：《从工业废弃地到旅游目的地：工业遗产的保护和再利用》，《旅游学刊》2013 年第 8 期，第 14—16 页。

⑦ 徐子琳、汪峰：《城市工业遗产的旅游价值研究》，《洛阳理工学院学报（社会科学版）》2013 年第 1 期，第 50—54 页

⑧ 刘伯英：《再接再厉：谱写中国工业遗产新篇章》，《南方建筑》2016 年第 2 期，第 4—5 页。

⑨ 吴相利：《英国工业旅游发展的基本特征与经验启示》，《世界地理研究》2002 年第 4 期，第 73—79 页。

⑩ 张金山：《国外工业遗产旅游的经验借鉴》，《中国旅游报》2006 年 5 月 29 日，第 7 版。

⑪ 杨宏伟：《中国老工业基地工业旅游现状、问题与发展方向》，《经济问题》2006 年第 1 期，第 72—74 页。

⑫ 邢怀滨、冉鸿燕、张德军：《工业遗产的价值与保护初探》，《东北大学学报（社会科学版）》2007 年第 1 期，第 16—19 页。

⑬ 陆琼：《国家文物局下发关于加强工业遗产保护的通知》，《中国文物报》2006 年 5 月 26 日。

虽然 1996 年第四批全国重点文物保护单位名录（简称“名录”）已涵盖中国古代陶瓷窑址及造船厂遗产等单位，然将工业遗产作为单独门类进行解读则始于第五批“名录”：明确列出包括大庆第一口油井等十处工业遗产，随后第六、七批“名录”中工业遗产数量逐渐增加。为直观反映中国对工业遗产关注程度的转变，本文统计第四、五、六、七批“名录”中工业遗产数量的增减情况（详见表 4），截至第七批“名录”，工业遗产共计 159 项，在总共 4 296 项文物单位中占比不足 4%。

表 5　全国重点文物保护单位名录中工业遗产数量增减情况表

名录批次	公布时间	本批文物单位总数	单位数量增长率	工业遗产数量	工业遗产数量同比增长率	工业遗产在本批名录所占比重（a）	a 增长率	本批工业遗产在所有批名录总和所占比重（b）	b 增长率
四	1996.11.20	250		14		5.60%		0.32%	
五	2001.6.25	518	51.7%	28	14%	5.41%	−3.51%	0.65%	51%
六	2006.5.25	1 080	52.0%	44①	16%	4.07%	−32.9%	1.03%	36.9%
七	2013.5.3	1 944	44.4%	73②	29%	3.76%	−8.24%	1.70%	39.4%

以表 5 为基础，图 5 将第五、六、七批“名录”中的“工业遗产数量同比增长率”“工业遗产在本批名录所占比重（a）”及“a 增长率”三项数据按从左往右的顺序进行了比较，充分表明 2006 年是关键转折年，工业遗产数量同比增长率与 a 增长率均有了较大幅度的明显提升。与此同时，尽管中国工业遗产数量在各批名录中不断增加，而且其增长率呈递增趋势，然而考虑到重点文物保护单位整体数量在每个批次中保持 50%左右增加的趋势，工业遗产数量则相应在文物总数中所占比重不断下降，并呈负增长趋势。综上体现中国对工业遗产的关注逐步增强。

① 第四、五及六批“名录中工业遗产数量项三份数据”源自郑一萍：《全国重点文物保护单位中的工业遗产》，《中国文物报》2011 年 2 月 18 日，第 3 版。

② 不同学者对工业遗产定义的外延可能会有不同解读，该数据仅供参考。筛选后本文认为其中“矿”类 7 项，“窑”类 24 项，“堡”类 5 项，“作坊”类 3 项，“桥”类 8 项，“码头”类 1 项，“酒”类 1 项，“船”类 1 项，“兵”类 1 项，“站驿道”类 1 项，“渠”类 1 项，“金属冶炼”类 3 项，“井”类 1 项，“宗教祭祀”类 3 项，“采石场”类 2 项，“交通”类 1 项，“梁”类 7 项，“墩”类 3 项，共计 73 项。

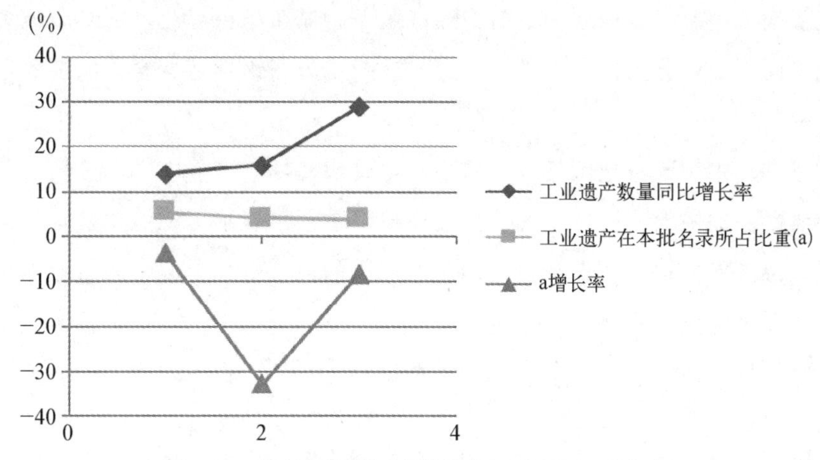

图 5　工业遗产数量同比增长率与 a（工业遗产在本批名录所占比重）增长率对比图

（二）时代背景

第一，资源枯竭城市总数已占中国城市总数近 11%。资源枯竭城市被西方学界称为“铁锈地带”（Rustbelts）①，体现其与工业的紧密关联。彼得·霍尔（Peter Hall）在《城市与区域规划》（*Urban and Regional Planning*）②构建的“城市发展阶段”理论中总结道——资源枯竭是城市衰落的主要成因之一，马潇等（2009：13）指出中国“已有 1/4 的资源型城市面临资源枯竭”③，这对社会的稳定、民生的改善及经济的可持续发展产生了较大的阻碍。同时，国务院分别于 2008 年 3 月 17 日、2009 年 3 月 5 日和 2013 年 8 月 20 日分三批公布全国资源枯竭城市共计 69 座（另有 9 个县级单位参照执行），以中国市长协会副会长陶斯亮指出的“中国城市总数已经达到 660 个”④ 为参照，全国资源枯竭城市总数已占中国城市总数近 11%，充分体现了中国资源枯竭城市问题的严重性。地理分布上看，此类城市大多集中于中

① Cooke, P., 1930 -. (1995).The Rise of the Rustbelt/edited by Philip Cooke. London: UCL Press.

② Hall, P. G. (1974). Urban and Regional Planning/Peter hall. Harmondsworth: Penguin.

③ 马潇、孔媛媛、张艳春、李杰美、王美娟、苏学影：《中国资源型城市工业遗产旅游开发模式研究》，《资源与产业》2009 年第 5 期，第 13 页。

④《中国城市总数已达六百六十个》［EB/OL］.［2019 - 01 - 11］: http: //www.mof.gov.cn/zhengwuxinxi/caijingshidian/zgxww/200911/t20091117_ 233359.html.

国老工业基地及老工业城区，面临经济萧条、城市形象恶化、劳动力流失等问题，而去工业化遗留的大量工业遗产逐渐成为城市及区域复兴的有效着力点之一。

第二，中国部分地区已进入后工业化时代初期。当前中国部分城市及地区社会形态的主要特征、发展趋势及存在问题等出现了后工业化社会的部分特点，例如已出现“第三产业在国民经济中的地位持续上升，制造业地位则开始不断下降（重工业尤为突出）”[①] 等情况。厉以宁在2015年大梅沙创新论坛提出中国“第三产业的比重既然占到51%了，就表明我们进入到工业化向后工业化时代的过渡期，也就是进入到后工业时代的初期”[②]。因此为实现城市可持续发展，城市原有工业要素功能亟须调整，沦为废弃物的工业遗产需积极找准其在创意经济中的定位，并寻求与第三产业的有效融合。

第三，世界遗产语境的定位缺失。截至2020年4月，中国拥有55项世界遗产及40项世界非物质文化遗产，数量上分别居于全球第二和全球第一，体现中国在世界遗产语境中的巨大影响力和重要地位。然至今中国以工业遗产为主题的世界遗产仅为两项（分别为2000年11月入选的四川青城山都江堰水利工程及2014年6月入选流经中国八省的大运河），然而刘伯英（2015：3）统计显示“到2014年年底，世界文化遗产中的工业遗产数量达到60项”[③]。由于世界遗产认定规则的变化性及其价值评估的不确定性，使得名录中的工业遗产处于动态变化中，所以就其总数而言很难进行精确地量化。例如阙维民（2007：523－534）就从不同数据来源梳理世界工业项目及工业遗产的数目[④]，然而这也在一定程度上反映出中国工业遗产在世界遗产语境中的定位缺失和遗产话语权困境等问题，同时也体现出当前中国工业文化的发展与工业化进程的地位与重要性不相符，不利于中国由“农业大国”向“工业大国”转变的国家形象话语建构。

---

① 徐柯健、Horst Brezinski：《从工业废弃地到旅游目的地：工业遗产的保护和再利用》，《旅游学刊》2013年第8期，第14—16页。

② 《厉以宁：中国可保持6%—7%的增长》［EB/OL］.［2020－04－14］：http：//news.ifeng.com/a/20151113/46233542_ 0.shtml.

③ 朱文一、刘伯英：《中国工业建筑遗产调查、研究与保护—2014年中国第五届工业建筑遗产学术研讨会论文集（五）》，清华大学出版社2015年版，第3页。

④ 阙维民：《国际工业遗产的保护与管理》，《北京大学学报》（自然科学版）2007年第4期。

（三）文化条件

第一，中国伟大的工业革命是工业遗产话语国际竞争力的强有力文化支撑。TICCIH 首任主席尼尔·考森斯（Neil Cossons）在《工业遗产的重组：工业遗产保护的 TICCIH 指南》（*Industrial Heritage Retooled: The TICCIH Guide to Industrial Heritage Conservation*）评价道："世界秩序正在改变。经济的重心正无情地移向东方。该进步主要由中国行进中的工业革命驱动而成。"（The world order is changing. Inexorably, the economic centre of gravity is moving east. That progression isdriven in the main by the industrial revolution taking place in China.）① 由此作为中国工业革命直接物证和丰富阐释资源的工业遗产无疑获得了强有力的文化支撑和国际传播基础支撑。

第二，中国丰富多样且富有特色的工业遗产是工业遗产话语国际竞争力的强有力物质支撑。俞孔坚（2006）通过梳理中国近现代工业遗产，提出潜在工业遗产不仅数量众多、种类丰富且具有特殊性。同时，在前文提及的各个平行国家话语平台及相应省市级话语平台的工业遗产相关名录清单中，工业遗产数量之多、门类之广、价值之大是超出制度设计者预料的。而独特的"厂院文化"和工厂制度也为我国的工业遗产话语内容增添了中国特色。相信随着城市发展路径调整、社会文化生活变迁及大众审美调试，我国的工业遗产的话语显示度将不断提升，话语内容将不断丰富，并积极融入国家的全球文化治理战略中，最终演化为中国国际话语体系必要的有效"话语接口"和新时代"中国故事"的核心话语叙事。

总　结

西方通过话语预设、自我指涉、互为引证与反复强化成功占据了国际遗产的话语高地，建立了权威遗产话语体系，引发各国学者对遗产话语研究的

---

① Neil Cossons.（2016）.Why preserve the industrial heritage? IN Industrial Heritage Retooled：The TICCIH Guide to Industrial Heritage Conservation. London and New York，Routledge.

广泛关注。在人类城市发展不断演化、全球文化治理日趋复杂、个体与社会间关系逐渐失衡和社会话语权力主体普遍性变迁等时代背景下，世界遗产话语生态开始呈现出新的特点：工业遗产在全球大遗产语境中的话语显示度经历了持续性的提升。由此，为探究其过程和背后的成因等问题，本文以工业遗产的话语变迁为主题，基于大量第一手材料、文献和其他资料，提出英国世界遗产铁桥峡谷经历了话语离散、话语聚焦和话语绑定三个阶段，同时提出学者、组织和个体对其“工业革命发源地”的话语建构具有明显的话语排他性和绝对权威性。以此为基础，本文提炼了该地区遗产话语的变迁模式并分析了其产生的三方面成因，接着还阐释了工业遗产在21世纪所面临的话语争夺和存续挑战，并以此为基础研判了工业遗产话语可能的三大演化趋势。最后依托一定的资料考据和数据分析，就我国工业遗产话语变迁的基本情况从历程概况、时代背景和文化条件三个方面展开了简要分析。

本文还认为，工业遗产的话语变迁意义重大，其不仅显著推动工业遗产在全球大遗产语境中的话语平权和话语拓展，也直观表明佐证并标记人类对地球完成全球化级影响的工业遗产已全方位浸入不同层级的话语平台和由利益相关者构成的“知识权力”体系中，并映射到了不同国家、城市和地区的公共政策制定、审美心理转变和社区文化扩张的过程中，由此“顺势”演化为社会价值兑现的载体与文化经济发展的拥趸。特别值得一提的是，2011年ICOMOS提出世界遗产的未来趋势将由代表上层阶级的“贵族式”文化遗产转向“对全世界人类生活具有普世性价值影响”的工业遗产。由此，经历了半个多世纪，原本腐锈的工业废弃物终于普遍性获得“遗产式”的世界级话语附加值。而工业遗产也总算从一小群英国西米德兰兹郡历史狂热者的“精英式”“小众式”追捧，演化为各类顶级话语施行者的宏观操盘与微观调节，呈现出“被形塑”的持续性话语变迁历程。受限于时力，本文仅针对铁桥峡谷展开了案例研究，存在样本数量不足等问题，诚盼与广大国内外从事遗产话语研究的学界同仁展开积极探讨和广泛交流。

富冈缫丝厂作为工业遗产的保存与利用

——作为系统传承的考察

[日] 冈野雅枝　译者　关艺蕾*

序　言

富冈缫丝厂，作为日本近代工业遗产的代表之一，于 2014 年作为构成“富冈缫丝厂及丝绸产业遗产群”的核心资产被 UNESCO（联合国教科文组织）列入《世界遗产名录》中。同年，缫丝场和东西两栋的置茧所被指定为国宝。在被认定为世界遗产三年后的 2016 年度，累计参观人数达到 80 万人，仍然持续不断地吸引着人们的关注。

作为国宝的西置茧所的保存修缮和维护利用工程（预计工期：2014—2019 年)，也得到了社会各界的关注，视察的申请络绎不绝。由此也可看出，各个领域对于近代工业遗产的保存及修缮工程均十分关心，同时为了收集资料而来的自治体或是研究机关的相关人士也在不断增加。

富冈缫丝厂是 1872 年作为国营的模范工场而开业的真正的机器缫丝厂，被评价为是支撑了日本近代化制丝业的技术革新历史的象征。在创业时的主要建筑物群均保存完好的情况下，还完整地保留着 1987 年停业时的样子，这也是富冈缫丝厂的价值之一。

---

* [日] 冈野雅枝，富冈制丝厂保全课。关艺蕾，日本京都大学。原文刊载于《平成 28 年度　富冈缫丝厂综合研究中心报告书》，已授权本刊发表。

图 1　富冈缫丝厂生产的生丝
（片场经营后期）

为了保护富冈缫丝厂作为文化遗产的价值，并以积极的方式向公众开放，富冈市分别于 2008 年和 2012 年制定了《史迹 · 重要文化遗产（建筑物）旧富冈缫丝厂保护与管理计划》（以下简称《保护与管理计划》）和《史迹 · 重要文化遗产（建筑物）旧富冈缫丝厂维护与利用计划》（以下简称《维护与利用计划》）。目前正在对西侧的置茧所、干燥场①和部分职工房进行保护和维修工作。

细分的话，富冈缫丝厂拥有自创业初期到昭和后期为止，陆续建造的超过 100 栋的建筑（目前的布局见图 2）。《维护与利用计划》中，为富冈缫丝厂整体的保护与维修工程作了长达 30 年的计划。

在考虑富冈缫丝厂作为工业遗产地的保护和维护计划时，需要特别注意以下几点。

（1）在保护和修复中保持其作为工业遗产的价值和特征。

（2）将其作为一个系统进行保护和传承。

（3）将制丝过程和机器设备以易于理解的方式进行展示和说明。

（1）和（3）可以在每个建筑物中分别探讨，但（2）作为一个系统的保护，是关系到整个富冈缫丝厂的问题，所以必须在制定计划的阶段就提前讨论。

富冈缫丝厂是一个持续生产了 115 年的缫丝厂。如果我们只把富冈缫丝厂的系统看作是一个“缫丝系统”，那么只要以与制丝过程有关的建筑和机器为中心思考就足够了。但是，在评估工业遗产的价值时，“劳工”的要素是不可或缺的。富冈缫丝厂的许多员工从其成立之初直到工厂停业，一直在厂区内的宿舍和职工房中生活。厂区内诸如学校、食堂、浴场、诊所等生活

① 关于干燥场的保存与修理工作，与 2014 年雪灾后的灾后重建工程一同进行，所以修理工程开始的时间比原计划早。

空间也在不断扩大。如何在保护和维护中体现这些劳动和生活要素在整个系统中的地位？作为备受关注的近代工业遗产维护与保存项目的先驱，必须慎重地考虑这一问题。

图 2　1875 左右画有富冈缫丝厂的献纳绘马（《笹森稻荷神社奉纳绘马》的影像）。内侧描绘了生产相关的设施，外侧则描绘了宿舍等生活相关设施的分布状态

此外，第二次世界大战后随着工厂相关的法律和法规的完善，工厂安装了处理废水和防止空气污染的设施，同时为了适应社会环境的变化，作为改善员工生活环境和人才吸引措施的一环，工厂也进一步完善了劳工福利设施。我们认为，伴随着这些变化进行的扩建与翻新是近代工业遗产的一个特点，因此，必须要积极地把它们作为系统的一个组成部分来进行规划。

从这个角度出发，本文重新审视了第（2）点，即把富冈缫丝厂作为一个系统来保护和传承，为今后的保护管理·维护利用项目提供参考。

至于（1），在《2015 年度富冈缫丝厂综合研究中心报告》中，我们作为项目负责人以西置茧所的木摺漆喰天花板和漆喰墙壁的保护为案例，讨论了在保存和维护时，保留其作为工业遗产的价值和特点的意义和重要性。

另外，除非文中另有说明，关于富冈缫丝厂在昭和时期（1926—1988）的设施和机器的新增、扩建和改造的内容，均参考了该厂过去保存的相关施工记录。所使用的照片，除了展现工厂现状者外，均为富冈缫丝厂所藏的史料。

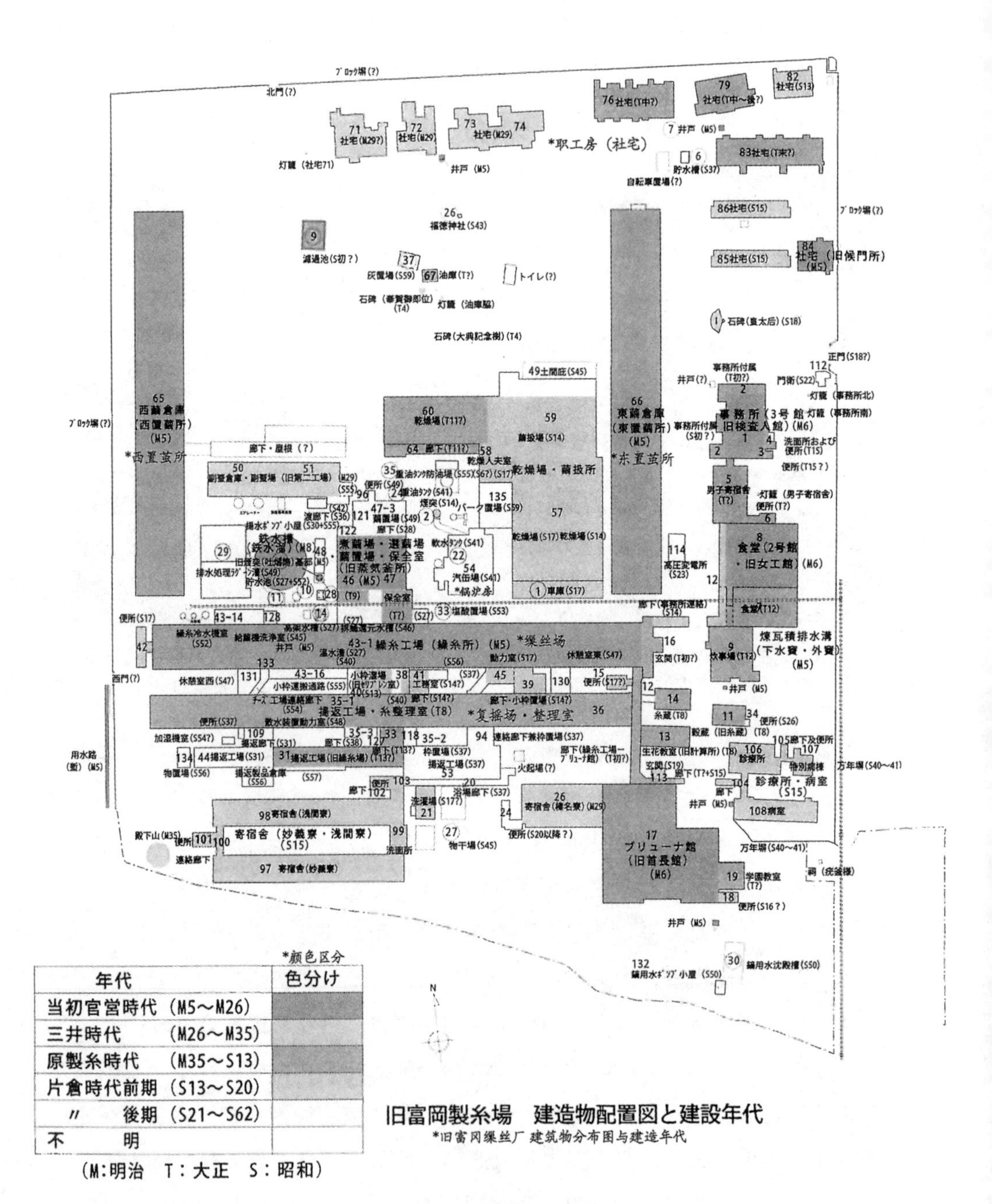

图 3　工厂配置图（现状）

资料来源：《旧富冈缫丝厂建造物群调查报告书》，富冈市，2006 年。

一 何为将工业遗产作为一个系统来保存

在讨论应该如何看待作为工业遗产的富冈缫丝厂系统之前，必须先明确“工业遗产”的含义。根据以工业遗产保护为中心进行国际活动的组织：国际工业遗产保存委员会（The International Committee for the Conservation of the Industrial Heritage，以下简称 TICCIH）[①] 为工业遗产制定的宪章[②]，工业遗产的定义如下。

> 工业遗产包括具有历史、技术、社会、建筑或科学价值的工业文化遗迹。这些遗迹包括建筑和机械、车间、磨坊和工厂、矿山和加工及提炼场所、仓库和储藏库、产生、传输和使用能源的场所、运输及其他设施，以及如住房、礼拜或教育等用于与工业有关的社会活动的场所也包含其中。（笔者译，下划线为笔者的标注，原文见《资料①》）

此外，在由 TICCIH 和 ICOMOS（国际古迹遗址理事会）[③] 合作编写的关于工业遗产保护方针的文书[④]中，有如下说明：

> 工业遗产包括遗址、结构、建筑群、区域和景观，以及为曾经或正在进行的工业生产、原材料开采、产品加工以及相关的能源和运输基础设施建设提供证据的相关机械、物品或文件。工业遗产反映了文化和自然环境之间的深刻联系，因为工业流程——无论是古代还是现代——为了生产和销售产品至更广阔的市场，都依赖于原料等天然资源、能源和运输网络。工业遗产不仅包括不动产·动产等物质资产，也包括如技术知识、劳动与工人管理制度，以及复杂的社会与文化的遗产等非物质资产。这些因素塑造社区生活并给整个社会和世界带来了巨大的结构性变革。（笔者译，下划线为笔者的标注，原文见《资料①》）

---

① TICCIH 是为联合国教科文组织世界遗产委员会的文化遗产咨询机构 ICOMOS 提供工业遗产相关意见的组织。

② TICCIH：《塔吉尔宪章》（*The Nizhny Tagil Charter for the Industrial Heritage.*），2003 年。

③ ICOMOS（International Council on Monuments and Sites）是一个致力于文化遗产保护的国际非政府组织。

④ 《ICOMOS - TICCIH 共同原则》（*Joint ICOMOS-TICCIH Principles for the Conservation of Industrial Heritage Sites, Structures, Areas and Landscapes.*），2011 年。（2011 年第 17 次 ICOMOS 总会通过）

因此，以工厂为例，工业遗产不仅包括与生产过程相关的建筑和机械，还包括支撑生产的基础设施和产品的流通。与工人生活相关的有形资产自不必说，工人的劳动和技术知识及其社区活动等与工人生产生活相关的非物质资产也包含在内。

以下，本文将具体讨论如何将工业遗产“作为一个系统来保存”。

首先，根据《广辞苑》第6版（岩波书店/2007）的定义，系统是“多个要素彼此有机地联系在一起，并作为一个整体发挥功能的要素的集合体（组织，系统，机制）”。

如果按照TICCIH的定义，将与劳动相关的非物质资产囊括到工业遗产的范围中，那么，“将工业遗产作为一个系统来保护”，对于富冈缫丝厂这样的制造业工厂来说，就意味着要将包括参与生产线的工人的生产生活在内的，密切关联并综合地发挥一定生产功能的机器·器具、基础设施作为一个整体保存，或者以能够解释其构成的方式保存。

即能够展现出其各要素之间密切联系，且作为一个整体发挥作用的保存方式。

二 富冈缫丝厂的系统——非物质资产的定位

基于前文的讨论，这里将探讨何为“富冈缫丝厂的系统”。

缫丝工艺的主要工序是：蚕茧的获取和干燥（干茧）、保存（储茧）、挑选与合并（选茧）、煮茧、扬返（复摇）和成品（出货准备）。各道工序不仅与蚕茧干燥机、煮茧机、缫丝机、复摇机等主要机器以及其余各类周边设备有关，也与动力和缫丝必不可少的水以及蒸汽等设备息息相关。如果将富冈缫丝厂的系统视为狭义的有形的“缫丝系统”，那么这些缫丝相关机器及其基础设施就是该系统的组成部分。

但是，富冈缫丝厂作为工业遗产，根据TICCIH的定义，不仅应包括缫丝的设备和机器，还应包括与劳动和工人有关的物质和非物质的要素。

仅仅拥有制丝的主要机器、设备和基础设施是不够的，操作人员的技术、知识和经验也是必要的。例如，在干燥蚕茧时，人们需要通过判断各种

图 4　东置茧所拱下的秤（地秤，现状）。将原料茧连同货车一同称重

图 5　生产中的缫丝厂内部的影像（片仓经营后期）

图 6　水分检测机（现状）。能够干燥生丝并测量含水量的机器

条件来调整干燥时间和干燥温度。另外，为了用来自不同地区、不同生产者和不同季节的蚕茧生产出质量稳定的生丝，工人也需要根据经验和知识对蚕茧进行混合和调整（混茧，译者注）。此外，为了管理生丝的质量，还需要有检查生丝纤度、疵点、含水量等的程序。即使制丝机器进行了自动化和改良，人工检查仍然是必要的。

在制丝时，相关人员根据经验以及知识进行的判断是不可或缺的，这可以说是制丝过程中有机地联系在一起的重要因素。作为一个系统，为了发挥制丝这一“整体的功能”，拥有专门技术的人的参与是必须的要素。

正如序言中介绍的，富冈缫丝厂自成立以来就在厂区为工人提供了生活空间。除了宿舍等住房外，还有如诊所、澡堂、基础教育场所和娱乐设施等福利设施。这种制度一直到片仓经营的后期都没有改变，称得上是富冈缫丝厂的特色之一。

特别是，由于制丝行业一直是由年轻女性的劳动支撑，完整地保留着展现了从明治初期到昭和后期缫丝厂女性劳动历史的建筑和空间，也是富冈缫丝厂的特点和价值之一。

换句话说，构成富冈缫丝厂系统的要素是参与制丝的机器和仪器，包括辅助的机器和器具，支持这些机器和器具的基础设施，以及以知识和经验为基础的处理蚕茧和生丝的人的技术。此外，还包含了与劳工福利相关的各种设施及其使用在内的综合性的要素。这些要素互相紧密联系共同实现了富冈缫丝厂的制丝功能。

图 7　1955—1964 年的妙义·浅间宿舍（女子宿舍）

图 8　浴场（片仓经营后期）。位于复摇场和首长馆之间，但停业后被拆除

三 不断变化且日益复杂的系统

（一）社会环境的变化对缫丝厂的影响

在富冈缫丝厂115年的经营过程中，虽然基本的工序保持不点，其系统却随着时代的变迁发生了复杂的变化。究其原因，一方面是科学技术的进步所带来的缫丝技术和相关机器和设备的进步，另一方面，则是第二次世界大战后社会形势的变化，导致了工厂周围（社会）环境的变化，使富冈缫丝厂不得不改变。当然，工人的工作内容和工作方式也发生了改变。从“保护和传承系统”的角度来看，必须注意到，新时代的新技术所带来的机器设备，有仅仅因为是新设，其价值旧被忽视进而有被拆除的危险。决定其价值的不是安装的时间，而是其背后的过程和原因，这一点必须要考虑在内。如果这个变化对社会来说很重要，那么由其引发的富冈缫丝厂的变化也同样重要。即使是新时代的产物，如果其是展示富冈缫丝厂的重要性的必要组成部分，就应该被保留下来。

图9 脱硫设备（1986年左右）

在第二次世界大战后的片仓经营[①]后期，系统变化的特点之一，就是随着防治污染的法律法规的完善，对烟尘和污水排放相关制造业设施的限制逐步加强，富冈缫丝厂为了应对这一变化，也对相关的设施进行了改建和完善。

在富冈缫丝厂的片仓经营后期，昭和20年代（译者注：1945—1954）后期引进自动缫丝机后，缫丝技术的革新得

① 1939年，富冈缫丝厂被并入片仓制丝纺纱有限公司，但是从1938年开始就已经由片仓负责经营。富冈缫丝厂在1987年作为“片仓工业富冈工厂”停产。

到进一步推进，生产量急剧增加[①]。在昭和30—40年代（1955—1974），随着污染防治的法律法规的完善[②]，富冈缫丝厂也采取了诸多措施，例如1974年完善了工厂的污水处理设施，1982年在锅炉（产生烟尘的设备）上安装了能够改善烟尘排出浓度的装置等。随后为了应对排烟中的硫氧化物，又安装了脱硫设备[③]。

此外，在储存大量干茧（一种指定的易燃物）的置茧所中，昭和40年代（1965—1974）开始逐渐采取了在日益老化的木门上包裹铁皮等防火措施[④]。

图10　被包上铁皮的东置茧所的木门（现状）

---

① 年产量最高的年份是1974年，产量为373 401公斤。

② 1970年颁布了《水污染防治法》。煮茧产生的废水现在需要根据这一法律来进行处理。1962年颁布了《关于烟尘排放规则的法律》，1970年该条例被修正并加强了限制。

③ 该装置在1982年前后还未设置。1985年，关于硫氧化物的排烟法规的限制范围扩展到小锅炉，因此该装置可能是在1986年安装代用燃料锅炉时安装的。在使用杂燃锅炉（以锯末、废材等为燃料的锅炉）的情况下，废气中的有毒物质含量比燃油锅炉高。

④ 为木门包裹铁皮的措施，同时也是为了防止贼风和灰尘进入室内，避免蚕茧质量的下降。

除了这些为防治污染和火灾而进行的扩建和改建外，二战后，随着劳动者保护法的完善①，宿舍和职工房也应工会的要求进行了改建和翻新②。此外，随着时代的变迁，主要依靠年轻女性劳动力的制丝工厂开始出现劳动力短缺的问题，为了保证员工，福利制度和设施均得到了改善。例如，1967 年，将礼堂（首长馆）的地板由过去的榻榻米翻新为木地板，同时，还提供了乒乓球等娱乐设施。

富冈缫丝厂从官营初期开始，就在工厂内提供获得诸如算术读写和缝纫等在内的基础教育的机会。到了片仓经营的后期，开始建立以由各工厂运营的片仓学院为中心的独特的教育制度。其中，富冈缫丝厂也自 1948 年起以首长馆为教室建立了片仓富冈学院。③

图 11　在片仓富冈学院上课的女性职员，教室为首长馆（1965—1974）

---

① 劳工关系调整法（1946 年），劳动基准法（1947 年），工会法（1949 年）。

② 1972 年留下了根据中央公会的决议进行了第三次修正的记录。

③ 详情参考拙作［日］《富岡製糸場における女子労働者の教育・教育習得機会の変遷——産業遺産としての一側面の考察》［R］.《平成 24 年度富岡製糸場総合研究センター報告書》，富冈市，2013 年。

为了应对初中毕业的申请者越来越少的情况，富冈缫丝厂在1966年将学校的名称改为“片仓富冈高等学院”，并丰富了学校的课程，以招收更多的学生。

劳动力短缺对生产系统的影响之一是自动缫丝机数量的增加。第二次世界大战后，富冈缫丝厂引入了两班制①，但从昭和40年代（1965—1974）后期开始，由于各工序的劳动力短缺，两班制变得越来越难以维持。为了应对这一问题，1980年在缫丝工序中增加了两套自动缫丝机②，这样即使在单班制下也能维持产量。这些痕迹展示了，生产系统随着女性的高学历化和从事工业生产的女性数量减少等社会的变化而改变的历史。

1972年，开始进行不间断制丝时，在缫丝场和复摇场之间的走廊上建造了两个休息间。所谓不间断缫丝，是指工人交替休息使机器不间断运行从而实现持续生产的一种提升产量的方法③。为了在提高产量的同时保持产品质量，专门建造了配备有空调的休息室，使工人们都能够得到充分的休息。虽然它建造的年代比较晚，而且只是工人的休息场所，但由于这样的背景因素，它也是一个应该被保存的要素。

（二）变化的要素

一些作为系统要素的设施和设备，尽管基本功能没有发生变化，但在历史进程中其在地点、形态和方法等方面却多次发生了变化。

以制丝用水的水源变化为例。水在缫丝厂中是不可或缺的，因为想要从蚕茧中抽出丝线，首先必须要煮茧，才能使丝线更容易被抽出。同时锅炉所产生的蒸汽，除了用在煮茧机和复摇机上，还作为浴室、厨房、洗衣房等工厂各设施的热源被广泛地利用。因此，在工厂内到处都铺设有蒸汽管道。水和蒸汽，对于制丝工厂来说，即使技术在不断进步，一直都是非常重要的要素。就算产生蒸汽的锅炉被更新换代，在描述制丝工厂时其仍是必不可少的要素④。

---

① 参考［日］《片倉工業株式会社三十年誌》［M］.片仓工业，1951年。

② 缫丝厂至此已经装有8套自动缫丝机，每套480绪。

③ 这一年，产量由上年的324 876公斤增加至351 563公斤。

④ 创业之初进口了6台科尼氏（Cornish）式小型锅炉，设置在蒸気釜所中。现在的汽缶场（锅炉房）内保留的两台锅炉中，较新的一台是停业前夕的1986年设置的。

图12 上：从锅炉将蒸汽送出的管道；下：通过锅炉场的管道被送到缫丝场和煮茧场的蒸汽。右侧为缫丝场

创业初期，工厂用水主要是从高田川（流经富冈缫丝厂北部）的水渠和厂内的水井中抽取的。后来由于缺水，1918 年，工厂开始从流经南部崖下的镝川抽水①，但仍出现了水量不足和水质浑浊等问题。第二次世界大战后，在 1948 年甘乐多野供水设施②修造后，开始从那里取水，但又发生了卫生上的问题。终于，1958 年，市营的供水设施建成，能够使用自来水作为水源。然而，由于费用增加，为了降低成本，1968 年又重新开始使用甘乐多野供水。随后，昭和 50 年代（1975—1984）开始，又再次从镝川抽水作为水源。缫丝厂的水源经历了非常曲折的变化③。这也展现了为了兼顾在水源的数量、质量和成本等各方面的需求，工厂在确保水源上艰辛的历史过程。

图 13　1875 年建造的铁质水槽（国家指定重要文化遗产，2009 年保存修理前的样子）。创业之初建造的砖瓦蓄水设施很快就出现问题，于是在横滨利用进口铁板制造了该蓄水池

---

① ［日］《富岡製糸場史（稿）》，《富岡製糸場誌》［M］.富冈市教育委员会，1977 年。
② 1936 年，甘乐用水耕犁整理协会成立开工，进展困难，最终于 1952 年完工。
③ ［日］《富岡製糸所製糸用水改良具体策》，富冈缫丝厂所藏资料。

因此，富冈缫丝厂的取水和储水设施经历了多次变化。随着储水设施的故障和水源的改变，其所处位置变化的同时被增设或换新，撤去或回填，当需要从河流抽水时，抽水用的设施和机器被添加，使系统更加复杂。这些变化的痕迹讲述了每个时期的管理者为处理与生产用水这一重要系统组成部分的相关问题所作出的努力的历史。

在片仓经营后期，与水有关的设施变得更加复杂。通过安装处理装置[①]，重新利用工厂的废水以降低成本，以及安装机器和设备以重新利用工厂废热水的热量，使其更加多样化。虽然因为这些设备并非与缫丝工艺直接相关，所以其作为遗迹的价值可能会被轻视，但这也是工厂围绕生产用水所作努力的历史的一部分。

可以看出，富冈缫丝厂系统的组成部分，受到社会变化的影响经历了复杂的变化，也有的部分经历了多次转变已经停止了运行。有些在维持 1872 年最初状态的同时逐渐被翻新，而另一些则虽然发挥着相同的功能，但在位置、机器、设备方面已被完全改造了，这些新旧设施交织在厂区之中。

改建通常是历史建筑价值降低的一个原因，但就工业遗产而言，如果它们与整个系统有关，就成了技术创新的证据，也可以获得较高的评价[②]。以下，本文将讨论在不失去充分展示富冈缫丝厂价值和重要性所需要素的前提下，如何将其作为系统进行保护和传承。

四　考察：将富冈缫丝厂作为系统传承的课题

在思考如何将富冈缫丝厂作为系统进行保护的问题时，最先面临的问题，就是系统的组成要素应该在多大程度上被保存下来。基本上，我们应该保留“足以说明富冈缫丝厂作为工业遗产的价值和重要性的系统构成要素”。

---

① 1966 年。这一时期，制丝用水主要使用富冈市的自来水供水，但因费用增加，于是着手寻找降低成本的途径。

② 引自：“With industrial buildings, partial rebuilding and repair is often related to the industrial process and provides evidence for technological change that may in itself be significant enough to warrant protection; alteration can thus have a positive value.” *English Heritage. Designation Listing Selection Guide Industrial Structures* [*EB*], *2011*。在由英国遗产发布的工业遗产建造物登记指南中，被列为指定工业遗产建造物的 8 个要点之一。

前述由 TICCIH 与 ICOMOS 合作编写的关于工业遗产保护方针的文件中提到："完整性，即功能的完整性，对工业遗产的建筑和位置的重要性来说非常重要"，"如果机械或其他重要元素被移除，或构成整体一部分的周边元素被破坏，遗产的价值将受到严重影响，甚至可能遭受损失"，所以不只是设施本身，其内容也应该成为保护的对象，同时停止运营的工业遗产应尽快得到保护（原文参见资料①）。

富冈缫丝厂作为工业遗产的价值，正如前文讨论的，"构成富冈缫丝厂系统的要素是参与制丝的机器和仪器，包括辅助的机器和器具，支持这些机器和器具的基础设施，以及以知识和经验为基础的处理蚕茧和生丝的人的技术。此外，还包含了与劳工福利相关的各种设施及其使用在内的综合性的要素"。因此，为了"保护富冈缫丝厂作为工业遗产的价值"，基本上有必要保留以上所有遗产。

而为了将其"作为系统保存"，有必要以能够传达出这一事实的方式来进行保存，即每一个要素都是密切相关的，且整个系统都在发挥着统一的功能。

在前述的《保护与管理计划》中，提出了"保护和管理富冈缫丝厂所积累的历史和系统"这一基本方针。虽然对基本方针中提到的"系统"的具体范围没有明确说明，但对"生产系统"的保存和管理范围作了如下规定：

• 生产系统保留其在关闭时的状态，但是其规模、位置不作为保存的对象。

• 与蚕茧和生丝直接相关的以及辅助缫丝工艺的部分应予以保留。

• 为蚕茧和生丝的动线、作业人员服务的部分不作为保存的对象。

• 蒸汽、水和电相关的部分中应保留其主要的部分。作为线路的管道、电线等不作为保存的对象。

展示生产线的动线和工作动线应作为工业遗产予以保存，而将电力和蒸汽传送到工厂各处的线路和管道，可以称作工厂的"血管"，为了达成"作为系统保存"的目的，也应尽可能地予以保存。将干燥区与仓库、仓库与工厂、工厂与宿舍或食堂等各设施即要素之间，连接在一起的走廊，也是蚕茧、生丝和工人在工厂中移动所必需的部分，是表明各要素之间密切相关的重要元素。

今后，随着维护与利用工程的推进，为了迎接无论男女老少的更广泛的游客，预计一些周边的要素将不得不被拆除，以确保安全性和无障碍通行。现行的《保护与管理计划》也规定了在不可抗力的情况下可以拆除的部分。作为追求保持真实性和完整性的世界遗产中的工业遗产，有必要重新思考“可以拆除”这一保护方针。

此外，不仅仅要保存遗产，还需要让参观者理解遗产，因此必须在“传达”工业遗产的方式上下功夫，特别是一些非物质的要素。不幸的是，仅仅在停止运营30年后，包括研究和记录在内仍有未能探明的部分，这是一个亟须思考的方面，也将作为今后的重要课题①。

富冈缫丝厂在被列入《世界遗产名录》时获得认可的“突出而普遍的价值（Outstanding Universal Value）”，不仅包含了其作为政府在1872年建立的示范工厂的价值，还包含了其至1987年停止运营为止技术革新的历史，以及停止运营时的状况保存完好的价值②。

为了维持“突出而普遍的价值”，必须保持真实性和完整性③。为了实现这一目标，必须保留包括非物质要素在内的，足以证明富冈缫丝厂作为世界遗产的价值和重要性的系统要素。因为必须要探讨保护非物质要素的方式，所以进一步完善现有的《保护与管理计划》，全面地探讨对世界遗产富冈缫丝厂的系统进行保护和宣传的方式是十分必要的。

结　语

富冈缫丝厂作为《世界遗产名录》中所列的工业遗产，想要将其作为世

① 富冈市在2016年开始构建过去在富冈缫丝厂工作过的员工的关系网络（开始制作原从业员名录）。今后将会就职业和工作时期等问题进行采访和收集。

② 在ICOMOS的Advisory Body Evaluation（2014年）中，富冈缫丝厂被评价为：该工厂在建筑和机械两方面都很好地保留了1987年停业时的状态。对功能的真实性进行了充分的保护，这一点对游客来说也是显而易见的。（Since the mill closed in 1987, it has been well conserved both in terms of its architecture and its machinery. There is full conservation of the functional authenticity which is clearly visible to the visitor.）

③ Managing Cultural World Heritage. UNESCO. 2013.

界遗产进行保存和利用，就必须以保持其完整性和真实性为标准。因此，能够充分展示富冈缫丝厂作为工业遗产的价值和重要性的构成要素必须得到传承。

为了将其作为工业遗产、作为系统来传承，必须要以能够传达出这一事实的方式来进行保存，即将富冈缫丝厂看作一个各要素之间密切相关并以实现制丝这一功能为目的的包括劳动相关的非物质元素在内的系统。我们不仅要保留制丝所需的机器和建筑这些点，还要保留连接这些点的线，以及凭经验和知识工作的人的劳动记忆。只有这样，才能说将富冈缫丝厂作为系统保存下来。

论工业文化与研学教育相结合的意义

孙　星　刘　玥*

摘　要　工业文化是工业发展的产物，由工业物质文化、工业制度文化与工业精神文化组成，工业文化的演进强调传承与创新。研学教育是现代化教育发展的新形式，它以旅行为基础，以教育为最终目的。在实施制造强国战略的政策背景下，工业文化与研学教育的结合发展已形成一种必然的趋势，二者互为补充，互相促进，不仅拓宽了研学教育的发展领域，也促进了工业文化的传承与发展。

关键词　工业文化　研学教育　结合　工业文化研学

从人类发展历史进程来看，推动人类发展的根本力量是“工业”。1999年版《辞海》对工业的解释是：“采掘自然物质资源和对工农业生产的原材料进行加工或再加工的社会生产部门。”从这层意义上说，人类最初诞生的历史及文化活动是从“工业”开始的。当工具被人类有意识地大量制造并应用于采集、渔猎、建筑和生活之后，原始工业或称手工业的雏形就形成了。发端于英国的工业革命是人类历史的分水岭，在巨大的市场竞争压力下，旧的技艺乃至旧的工业部门不断消亡，并不断创生新技术和新产业。工业革命之后，工业技术得到不断进步，促进了人类劳动生产率和生活效率的不断提

* 孙星，工信部工业文化发展中心；刘玥，深圳市南山实验教育集团南海中学。

高。研学教育的形式是研学旅行，落脚点是教育，是对当代课堂教育、家庭教育的补充。将工业文化的传承性和创新性与研学活动的教育性相结合，不仅能够拓宽研学教育的实践领域，丰富研学教育的内容体系，而且能够将工业文化素养的培育深刻内涵融入社会并传递给下一代，具有重要的现实意义。

一　工业文化的发展

工业文化是工业发展的产物。工业文化并非游离于人类历史之外，也并非站在世界历史之上，它是随着人类社会历史的发展共同演进的。学者在研究过程中往往会分别探讨工业与文化的概念，而关于文化的概念的说法也十分丰富。马克思认为文化是人类在劳动中创造出来的。而工业文化作为文化的子集，具有文化的共同属性，同时更具有工业发展变化过程中形成的特殊属性。工业文化是研究人类在工业生产活动中，文化发生、发展及演变的规律，而研究工业文化这一概念可以厘清工业文化与经济发展之间的复杂关系与内在联系，使人们认识到工业文化是人类在工业发展中创造的独特财富。工业文化素养的培育和对工业的影响渗透经历了这样的过程：首先，总结并提炼出一整套能体现这一思想的价值理念。然后通过教化贯彻到全体生产者中，自觉或被迫形成一系列上行下效、以提升产品价值为目标的，包括管理制度、组织形式、生产方式、价值体系、道德规范、行为准则、经营哲学、审美观念等在内的制度文化和精神文化。制度文化到精神文化的结构的形成，构成了工业意识的深层结构，或者说是工业文化的素养和积淀。

（一）工业文化的概念

中国学术界对工业文化有几种描述：王正林（2006）认为，工业文化不仅指工业社会的精神生产，也不只是工业社会的物质生产，而是包括了物质与精神财富的方方面面，以及社会发展与进步的水平；余祖光（2010）主要从行为和制度文化的角度阐释工业文化的内涵，认为工业文化应包括合格公民意识与行为规范、合格劳动者的意识和行为规范、多元文化理解与行为规范等；赵学通（2013）认为工业是各种产业、行业文化和企业文化三个层次；王学秀（2016）认为工业文化是人类在工业社会进程中，通过工业化生产与消费过程逐步形成的共有的价值观、信念、行为准则及具有工业文明特色的群体行为方式，以及这些信念和准则在物质上的表现。尤政、黄四民认为工业文化的发展尽管已有很长的历史，但是工业文化研究一直没有建立起其相应的知识体系和理论体系，其相关研究碎片化散落在管理学、工业工程、经济学、历史学、心理学、社会学或者人类学等学科领域。碎片化的现状意味着该领域将更具跨学科、交叉性、总体性的特征。

工业文化的概念具有多义性，可从广义和狭义两个层次来理解区分。广义的工业文化是指工业社会的文化，具有典型的工业时代特征。狭义的工业文化是指工业与文化相融合产生的文化，其特征是与工业活动紧密联系。从狭义的角度可以给工业文化下定义：工业文化是伴随着人类工业活动的，包含工业发展中的物质文化、制度文化和精神文化的总和。狭义的工业文化从产业层面至少包括两类：一类是工业与文化自然融合，如工艺美术、工业设计等；另一类先体现于工业科技与产品，随着应用的普及，逐渐增添了文化元素，如广播、电影、电视、互联网、手机等出现产生的影视文化、网络文化、数字媒体文化等。当然，没有现代工业，就不能产生这些文化形态。随着工业科技的发展，工业与文化的结合会越来越紧密，工业技术与产品融入文化元素后可能形成新的创意业态，如虚拟/增强现实、3D打印、可穿戴设备、无人机、人工智能等。总之，工业文化无论是狭义的定义还是广义的理解，不管是工业社会的文化还是工业科技与产品支撑的文化，都是人类社会发展到一定阶段的产物，反映了工业社会的客观现象，是社会经济发展的内在需求。

（二）工业文化的传承与创新

从工业文化的形态与属性的角度来看，工业文化的发展需要传承与创新。工业文化具有三种典型的形态，即工业物质文化、工业制度文化与工业精神文化。工业物质文化主要通过一定的形态展现出来，涉及生活用品、交通设施、建筑物、水利工程、娱乐装备、生产工具等，包括了人类加工自然创制的各种器具，即可触知的具有物质实体的事物，亦人们的工业物质生产生活方式和产品的总和。工业物质文化具有很强的时代特点，随社会经济的发展而变化。工业制度文化反映的是工业生产过程中人与人、人与物、人与生产的关系，这种关系表现为各种各样的制度。各种制度都是人的主观意识所创造的，工业制度文化一旦制定后，便带有一种客观性独立存在，并强制人来服从它，因此，工业制度文化最具有权威性，规定着工业文化整体的性质。工业精神文化由人类在工业生产实践和意识活动中的长期孕育出来的价值观念、思维方式、道德情操、审美趣味、宗教感情、民族性格等因素构成，是工业文化整体的核心部分。工业精神文化中尤以工业价值观念最为重要。观念形态的文化是工业文化要素中最有活力的部分，尤其在工业生产活动中培养起来的工业价值观更是工业文化的精髓和灵魂，是核心要素。从工业文化的属性来看，工业文化亦具有多重属性，其中比较基础的是继承性。人类文明在向前发展的过程中，文化的继承性逐渐凸显。工业文化一经产生，就有了相对独立的生命，在特定的工业生产活动中传承。因为工业文化是工业生产活动中经验和制度的总结，若无继承性，那么每个新生的一代都必须一切从头做起。如此，工业文化也无法得到进化。

工业文化传承是指工业的物质文化、制度文化和精神文化在上下两代人之间的传递和承接过程。传承就是工业文化在存在和发展的过程中，对于原有工业文化的保存和继续。每个发展阶段，工业文化的状况不尽相同，它是前一个发展阶段与发展的结果。工业文化传承并不是一种随意的选择和改变，历史上有什么样的工业文化，就只能传承什么样的工业文化，这种工业文化发展到什么高度，就只能从什么高度开始传承与发展。人类不仅依赖前人所遗留下来的物质、制度和精神文化遗产，同时更是将遗留的遗产作为进一步发展的起点，沿着前人开创的道路走下去。因此，这就要求工业文化在传承的基础上应当进行创新。

二　研学教育与活动开展

研学教育发展已经不是一个陌生的词汇。关于研学教育的概念与定义，业已出现过较多官方的解释。将“研学”与“教育”拆分来看，这项活动既属于旅行的范畴又属于教育的领域。若论二者的关系，则是相互结合，相互影响，不过研学旅行最终目的是为教育服务的。研学旅行是新时代下教育模式现代化的集中体现，它并非要占据教育的主导地位。相反，他是对课堂教育及家庭教育的有力补充。从目前的教育体制改革来看，国家尤为重视中小学生在吸纳知识的阶段，如何实现知识灌输的生动化以及实现自我能力与实践素质的可视化提升。

（一）研学教育的概念

一般来说，中小学生的教育来源主要体现于三个空间：家庭教育空间、学校教育空间和社会教育空间。[①] 家庭教育空间主要靠的是家长对孩子的言传身教，学校教育空间主要靠的是教师对学生的管理与课业的传授。如此两种方式构成了中小学教育的基础。通过固化的教学模式，由课堂、习题、家庭组成的循环式的教育链条虽然可以使学生在对知识进行受理的过程中打牢基础，在应试教育体制下容易获得高分，成为分数“状元”，但是在新时代下，“两点一线”式教育不利于学生创新思维模式的产生。教育的最终目的是为社会主义现代化培养多方面的人才，要求学生应当具有配套的动手与实践能力，需要具备理智的分析头脑和健全而独立的人格。基于这一原因，研学教育的产生符合新时代的教育诉求。2014年，第十二届全国基础教育学校论坛上时任教育部基础教育一司司长王定华做了“我国基础教育新形势与蒲公英行动计划”的演讲，他将研学旅行定义为“是学生集体参加的有组织、有计划、有目的的校外参观体验实践活动。研学要以班级、年级乃至学校为单位进行集体获得过，同学们在老师或者辅导员的带领下，确定主题，以课程为目标，以动手做、做中学的形式，共同体验，分组活动，相互研讨，书写研学日志，形成研学总结报告”。2016年，研学旅行的定义在官方的层面又一次被解释，教育部等部门联合发布的《关于推进中小学生研学旅行的意见》中提出：“中小学研学旅行是由教育部门和学校有计划地组织安排，通

---

① 祝胜华、何永生：《研学旅行：课程体系探索与践行》，华中科技大学出版社2018年版，第3页。

过集体旅行、集中住宿方式开展的研究性学习和旅行体验相结合的校外教育活动，是学校教育和校外教育衔接的创新形式，是综合实践育人的有效途径。”[①] 由此可见，研学旅行不是一场简单地带着中小学生去旅行的活动，旅行并非本质，在旅行的过程中通过设置诸多配套课程与活动，让学生全身心投入，在高度的参与感下形成深刻的体悟。研学旅行的过程中亦有较丰富的知识积累，这些知识的来源是多元化的，他体现了社会资源的整合，教育产业链的拓展，以及教学模式的开放。同时，学生在研学旅行过程中接触不同的社会角色，用他们的眼睛去看，用耳朵去听，用心灵去感知，就能获得不同的知识体验。

（二）研学教育的开展

实施研学教育并非一件简易之事，应当以教育部出台的政策规定为基础；实施研学教育亦不能选择普通的旅行社，如此一来容易淡化以教育为主的元素。应当是专业的教育机构，通过制作相应的课程体系与活动进行研学教育的开展。教育机构在研学旅行的制作过程中应考虑“如何将丰富多元的社会资源转化为课程内容并具体实施”，在与学校教育相配合发展的过程中，“有效地利用市场机制和市场力量，吸引社会力量参与研学旅行新课程的研发”，实现社会资源与教学资源的结合；同时研学教育要求教学师资的多元化，“各类社会力量，如专家学者、专业人士、大学生等均可成为研学师资的一部分”；其次要重视教学方法的创新，“研学旅行的教学更突出实践性，更强调经历与感悟，更重视组织实施的安全有效”，以及具备相应的课程评价体系，“其评价体系中应包含对课程实践目标、效果考评，比如观察实践、动手操作、探究探索、总结应用等实践能力是否得到锻炼和提高等”[②]。这些问题构成了研学教育能够实施成功的基础。

国外关于研学教育的开展亦有发展先例，如英国、美国、法国与日本等。尤其是日本，在研学教育领域有较为完备的制度与系统，值得借鉴之处

① 祝胜华、何永生：《研学旅行：课程体系探索与践行》，第5页。
② 祝胜华、何永生：《研学旅行：课程体系探索与践行》，第6—8页。

很多。日本十分重视国民的教育，尤其重视中小学生实践能力的发展。所谓实践能力，指的是脱离课本知识与课堂教育，鼓励中小学生进入社会或者大自然参与综合实践活动。日本有一档专门拍摄日本小学生参与社会实践活动过程的纪录片，记录了日本小学生走进农村体验生活，所做的第一件事是赶山羊。这些只有一年级的小学生们，首先在进行活动之前进行了充足的安全知识教育。活动进行过程中，虽然有不同的分组，但是可以看出每个孩子的参与感很强。在导师分配好将山羊赶回羊圈的任务以后，小学生们在没有任何指导的情况下创建合作，与同伴交流。其间因为个头矮小与对第一次近距离接触山羊产生过恐惧，但在任务完成后流露出充满成就的喜悦。镜头真实而清晰地记录下日本小学生这一户外实践活动，令人颇有感触。日本的研学教育“在学校的渗透率已高达98%”，这一概念在日本称作“修学旅行”①。日本政府自身十分重视修学旅行的开展，“如以跨部会方式，文部科学省、总务省与农林水产省联合推动日本小学生五日农村体验与独立生活课程”②。同时还打造学校之间的修学旅行的联盟，通过修学活动加强互动。并利用媒体介入修学旅行的过程，完善安全监督及确保修学旅行的实施。日本修学旅行对“体验性”尤为重视，“日本小学修学旅行重视学生体验式学习，活动内容多样化，除社会体验外还包括自然体验、生活体验、文化体验、职业体验等，能够丰富学生对多彩生活世界的感受与体悟”；“日本小学修学旅行相关政策规范相对完善，具有较为成熟的制度保障”；“日本小学修学旅行是合作学习过程，可以培养学生的集体观念、合作意识”③。日本修学旅行教育实施的成功之处确实为我们提供了借鉴的经验。

目前国内的研学教育亦如火如荼地展开。尤其是在教育部出台相关政策以后，各个省份掀起一场“研学热”。新时代下教育模式的多样化也使每个家庭相应地调整着对孩子的教育开支。每到节假日与寒暑假均可以看到火车站排着长队、衣着相同的队服的中小学生整装待发。研学教育具有现代意义，我们在做研学教育之前首先要搞清楚这几个问题：“研学旅行是什么”，

---

① 王鹤琴等：《日本修学旅行的典型模式及经验启示》，《中国旅游报》2019年6月11日第3版。
② 王鹤琴等：《日本修学旅行的典型模式及经验启示》。
③ 张义民：《日本小学修学旅行的目的、特点及其启示》，《教学与管理》2018年第6期。

"研学旅行为什么"，"研学旅行怎么做"。[①] 研学旅行是什么与为什么的问题我们之前已经探讨过，关于研学旅行教育到底要怎么做这样的问题，也要注意不能一味地照搬别的国家的开展形式，应当立足于当前我们的基本国情，一切从实际出发。如何能够做好研学教育，这一问题对于不同的主体亦有不同的要求。对于国家层面来说，应当健全研学教育相关的法律规范，保障研学对象的基本安全问题，并能为这项活动提供足够的财政拨款。对于学校及研学机构来说，应该完善研学课程体系的规范性。课程体系应如何确定符合中小学生心智年龄的配套主题与语言风格、安全教育知识的普及以及课程结束后评价体系这些均是应当重点考虑的问题。

三　工业文化与研学教育结合的意义

（一）工业文化拓宽研学教育的领域

工业文化的内涵十分丰富，渗透于社会生活的方方面面。研学教育在实施过程中尤其强调学生对文化知识的接收，对物质文化与精神文化真切的体验，最终目的是加深他们对中国文化的认知，增强爱国爱家的情怀。从湖北省的角度出发，研学教育在文化方面的着眼点多有"首义文化""长江文化""荆楚文化""红色文化""名人文化"等。[②] 结合这些主题可对应相关的博物馆、科技馆、主题公园、景区等。工业文化作为一种新的名词被定义以后，工业旅游这一新型旅游业也逐渐被挖掘。根据目前国内的发展的态势来看，工业旅游的发展前景很广，发展动力十足。工业旅游的主要形式也集中于参观工业遗址、工业博物馆、产业园区、现代工厂、国家重大工程等多种方式。这些工业资源与旅游服务方式的结合能有效地实现社会产业附加值的提升，增加社会资金运转的活力。如果能与研学教育相结合，亦能拓宽研学教育自身发展的领域。在工业社会，工业文化所遗留或现存的工业资源十分丰富，这些工业资源均能为研学教育提供丰富的教学体验。以武汉市青山

---

① 李志强：《对我国研学旅行发展的思考》，《中国旅游报》2019 年 6 月 24 日第 3 版。

② 祝胜华、何永生：《研学旅行：课程体系探索与践行》，第 77 页。

区红钢城小学目前正在推进的工业文化主题研学教育为例。武汉市青山区所在地具有悠久的工业历史文化传统，工业资源基本上渗透于青山区的各个角落。地处青山区的红钢城小学立足于地缘优势，根据这一地区的工业历史的发展，确立以“寻找红房子的故事”这一主题的研学项目。在制作校本课程的过程中，首先将以青山区的工业资源为重点，其次延伸至武汉市，接下来再拓宽到整个湖北省。这些工业资源点位涉及青山区的红房子、武汉重型机床厂、武汉铜材厂、汉阳特种汽车制造厂、汉口既济水塔等。当然，在校本课程理论知识填充的过程中，需要学校与研学机构对这些资源点位进行实地考察，方能进一步确定实施方案。

（二）研学教育传承工业精神

研学教育的形式可以是多种多样的，但最终目的都是为了教育事业的发展。通过校本课程的学习与课外实践活动的结合，实现教育的生动化与全面化，培养学生的人文精神与社会责任感。工业文化与研学教育的结合，不仅能拓宽研学教育的领域，也可以使得工业精神得到传承。利用目前国内现存的工业文化的资源点，学生可以亲眼看到过去与现代的工业设备的技术演化。学生被带去参观旧的厂房、工业机器，观看现代工业生产的流水线，甚至还能与优秀的老工匠接触，这些对于他们来讲是一种新奇并充满意义的体验。仍旧以青山区红钢城小学目前正在编写的“寻找红房子的故事”工业文化研学校本课程为例。前置课程的设置的目的之一是要求学生能够掌握自己家乡所在地的工业历史的发展。青山区的红房子曾经有怎样的历史故事，汉阳铁厂有怎样的历史，武汉钢铁厂又经历过怎样的发展演变，这些均会在学生的脑中留下初步的印象。通过外出考察，用感官真实体会工业遗产现存的状态，以及现代工厂中便捷与智能的生产线，二者的反差与对比将会对他们现有的认知水平产生不小的冲击。学校和研学机构根据教育的需要，在外出活动中设计一些趣味性的任务，如设计工业厂房、工业机器人等比赛，通过学生自主动手与团队合作，既能展示丰富的想象力，也能锻炼交际能力。在课程评价过程中，学生可以通过独立思考，结合传统与现代的历史演变，提出自己关于工业发展的小小的见解。这是工业文化得以传承的一个重要的方面。另一方面，在学习工业文化的过程中，通过与优秀老工人的接触，学生们对于工业文化的精神也能构建其自己的理解模式。工业厂房与工业的机器是被静态地放置在原地的，它们本身不会讲话。在研学教育实施过程中每个学生对其理解的角度与深度也不尽相同。但是通过举办讲座、故事会等方式，搭建起与老工人面对面直接接触的平台，学生们可以近距离聆听工业生产中曾经发生的故事。围坐在一起讲故事的方式，首先给学生营造一种亲切感，老工人就如同家中的长辈一样讲起他们年轻时候奋斗过的事业，回忆当时的武汉的工业以及他们在工厂是如何努力的。通过这种方式将工业文化的精神传递给学生，学生体味工匠精神、劳模精神、奉献精神等精神品质如何体现在一个工人身上，而作为一名学生，是否能够将这些精神运用到自己的学习生活中，做一个自律的、积极向上的人，将工业文化的精神传承下去。这些都是工业文化与研学教育相结合的过程中的积极意义。

（三）促进研学教育体系的专业化

实施工业文化研学教育也能够促进整个研学教育体系的专业化。当前的教育系统对研学教育的呼声很高。从研学对象即中小学生的角度来看，他们对假期的期待已经不限于从电子产品里获取对社会的印象，更多的是希望通过实践去探索未知与神秘；从家长的角度来讲，现代化的教育改革使他们除了重视孩子的学期末的成绩以外，也愿意增加业余学习的费用开支，在增加一些兴趣班的同时，也会对从研学旅行的实践性教育产生兴趣；从研学的组织者学校与教育机构来讲，则希望通过研学提高学校学生的综合素质，丰富校园课程文化。因此我们可以看到，研学教育的开展是一种多主体性教育行为。研学教育作为一项新型的教育产业，并不是简单的单向发展，而是循环式的、多主体的，并与市场紧密相连的。研学教育的开展需要国家有关部门通过政策性的相关扶持，也需要学校、教育机构及家长的积极配合。推进工业文化研学教育其实可以说是通过各主体的一系列推动，能够促进整个研学教育体系的专业化。

对于政府来讲，推动工业文化研学教育主要着眼于政策的颁行。就目前的国家政策而言，国家鼓励研学教育的发展。工业文化研学教育作为研学教育内容的一个分支，非常贴合当下国家经济高质量发展与制造强国战略。国家重视工业的发展，而工业给人的刻板印象使民众与工业之间隔阂起来。通过工业文化的传承将民族工业发展的历史与国家现代工业发展的未来传递给民众，尤其是普及给下一代，对实现工业复兴具有重要的现实意义。因此，国家及相关部门一方面通过推进工业文化研学教育政策的颁行，保障工业文化研学教育开展的基本建设资金以及工业文化研学教育在实施方面的安全性问题。同时，对于市场上一些旅游部门只顾及短暂的经济利益而忽略研学旅行的教育本质的行为及活动将采取政策性监督与管理。这是从国家与政府层面对研学教育体系的完善。

对于研学教育的发起者学校与教育机构来说，以工业文化为主题的研学教育具有较强的专业性，因此活动开展的前期准备工作应当是充足的。在确定研学主题以后，会进行校本课程的编写。在确定教学内容之后，与研学教育机构合作制定研学实践路线，最后整个活动才得以实施。前期的准备对于学校与教育机构来说是充满挑战的。编写校本课程内容时，在充分学习工业文化的基本知识的同时，厘清一个地区或者全国范围内的工业研学的资源点，以及在研学过程中所需要制作的配套的活动。这就要求校本课程的研发需要具备一定的素质教师团队，并能灵活地与高校的专业学者的研究相结合，共同推动工业文化研学教育理论的完成。正是以这样严格的标准与要求为基础，学校及研学教育机构不仅会积极提升师资素质，同时也能促进研学教育体系的完善。同时，对于工业文化的研学资源点如工业遗产、工业博物馆等，这些主体通过与学校及研学机构展开紧密的合作，将有利于融通工业资源点的产业发展。以原先以公益性质为主的工业资源点位向与市场结合转变，这样一来有利于工业文化资源的保护与开发。

上海工业旅游发展探究及模式创新

刘　青*

摘　要　上海正在加快建设具有全球影响力的科技创新中心、"四个中心"和社会主义现代化国际大都市，具有发展工业旅游得天独厚的优势，上海工业旅游发展起源于"都市旅游"的概念，近年通过机制创新、规划引领、标准示范、人才培养、区域联动等创新方式，推动上海工业旅游在全国处于领先地位。上海工业旅游发展中依旧面临工业企业开放积极性有待提高、安全性和保密性须更加协调，公益性和经营性须更加一致等问题，但是上海工业旅游发展前景依旧广阔。

关键词　上海　工业旅游　发展　模式

工业旅游起源于工业遗产的保护和再开发。英国作为最早的工业化国家，最先遇到资源型城市资源枯竭后城市衰退的问题；工业遗产旅游也起源于英国，是在废弃的工业旧址上，通过保护和再利用原有的工业及其生产设备、厂房建筑等，形成一种能够吸引现代人民了解工业文化和文明，同时具有独特的观光、休闲和旅游功能的新方式。它属于广义的，还包括工厂观光的工业旅游，最早是法国雪铁龙汽车策划让消费者和游客免费参观他们的汽车装备现场，从而成为一种时尚，并逐渐辐射到酿酒、香水、服装等其他生产行业。工业遗存和现代化工厂企业两种工业资源，也成为工业旅游发展最常见的业态。

* 刘青，上海工业旅游促进中心。

上海正在加快建设具有全球影响力的科技创新中心、“四个中心”和社会主义现代化国际大都市，具有发展工业旅游得天独厚的优势，未来在许多领域还存在着巨大的创新增长空间。为更好地服务于上海产业结构调整升级的艰巨任务，更有效地推动上海新型工业化进程和形成服务经济为主的产业结构，上海工业旅游发展依旧任重道远，需要获得更多的关注和支持。

一　上海工业旅游发展优势

（一）雄厚的工业实力是上海发展工业旅游的坚实基础

上海是百年工业的发源地和现代工业集聚地，在开埠后 170 多年来的工业发展历史进程中，积淀了大量的工业资源，工业历史悠久、工业文脉深厚。上海制造业具备了较为齐全的产业门类和发展实力。全国 39 个工业大类行业，其中 30 个制造业门类上海均有涉及。从制造业中类行业来看，全国有 169 个，上海就占 161 个。小类有 400 个。近年来，上海工业在原有基础上不断强化创新、提升能级，大力发展高端制造、智能制造，进一步打响“上海制造”品牌，推动形成具有更强创新力、更高附加值的产业链，实现上海工业经济高质量发展，为工业旅游发展奠定了坚实的基础。

（二）丰富的工业遗存是上海发展工业旅游的重要依托

自 1843 年开埠以来，上海船舶、纺织、印刷、机器制造等已经有近 200 年的历史。中国第一个大型兵工厂——江南制造总局，世界上最早的发电厂之一杨树浦发电厂、中国第一条铁路、中国第一座自来水厂、中国的第一辆有轨电车等等中国最珍贵的工业遗存为上海工业旅游发展赋予了深邃的内涵。目前上海工业遗存达 290 余处，涉及 30 个制造业大类，这些老厂房、老建筑、老仓库等工业遗存已蜕变为 137 家市级文创园区，星罗棋布地点缀这座城市的风景线，许多还成为独具魅力的工业旅游景点。

（三）先进制造业为发展工业旅游彰显生命力

作为实体经济的中坚，上海制造业在全国占有举足轻重的地位。2018 年上海市工业投资增长17.7%，增幅创近10年新高。上海不仅成为中国汽车研发中心，一批龙头企业也相继在临港集聚，聚焦集成电路、人工智能、生物医药等重点领域，先进制造业的蓝图开始绘就。上海要创建世界级先进制造业集群，打造汽车、电子信息两个世界级产业集群，培育民用航空、生物医药、高端装备、绿色化工四个世界级产业集群。加强长三角地区产业集群联动，深化智能网联汽车、工业互联网、5G等产业链对接合作。上海发展高端制造业的要素条件在国内城市中具有相对优势，制造业基础雄厚、产业组织完善、产业人才丰富、制度环境优良。上海制造正向上海智造转变，上海工业旅游将融合工业、科技、艺术、人文等内容，彰显工业旅游未来发展趋势。

（四）重大工业发展成就为上海发展工业旅游拓展新空间

制造业是上海加快向具有全球影响力的科技创新中心进军、建成“四个中心”和社会主义现代化国际大都市的重要支撑。上海城市改造和建设飞速发展，涌现出如东海大桥、洋山深水港、东方明珠、金茂大厦、磁浮列车、F1国际赛车场等众多的重大工程，这些既是城市形象，体现高科技水平，又是工业发展到一定阶段的产物，成为上海工业成就和与工业相关联的旅游吸引物，为上海旅游业和经济发展做出重要贡献，为发展工业旅游拓展新空间，为上海工业旅游发展带来持续发展的动力和活力。

（五）知名老字号品牌为发展工业旅游融入新元素

伴随民族工业的发展，孕育出一批既有民族传统，又融合了西方文明，具有海派特色的老字号品牌，它们是上海工商业发展的中流砥柱，蕴含了深厚的文化底蕴，是城市工业文明的记忆。上海现有老字号品牌222家，其中：商务部认定的“中华老字号”企业180家，数量居全国首位；上海认定的上海老字号42家，31%的上海老字号企业年销售额达到亿元以上。老字号品牌传承发展、转型提升，将传统销售模式转型为品牌定制体验中心、文化展示中心、新品发布中心、技艺见习中心、营销体验中心，成为地标性时尚打卡点，为上海发展工业旅游融入新元素。

（六）独特的海派文化为发展工业旅游扩展新内涵

文化是城市的生命，城市有了文化就有了生命，海派文化就是上海勃勃生气和活力的源泉。上海作为我国近代工业的摇篮，无论是传统制造业、现代制造业还是高科技产业和现代服务业，其都一直走在时代的最前列，在推动工业化、提升城市化最终实现现代化的进程中扮演着旗手和先锋的角色。可以说，工业已成为海派文化的重要组成部分。2018年，上海拥有博物馆、纪念馆和陈列馆126座，其中国有博物馆45座，行业博物馆52座，民办博物馆29座，这些博物馆中有许多都传承了上海工业文明和海派文化的精神内核，是产业发展历史记录、传播，产业文明传承和弘扬的重要载体，成为上海工业旅游的新地标。

二　上海工业旅游发展阶段及特征

（一）上海工业旅游萌芽于政务考察接待

1997年以前，上海作为中国工业重镇和改革开放的排头兵，大型国企承担了大量的政治性外事和国内政府部门参观考察接待活动，如宝山钢铁厂、金山石油化工厂、石洞口发电厂等，考察活动形式为参观工业生产线和企业产品展示厅，听取工厂负责人介绍、座谈会等。虽然当时并未明确提出“工业旅游”的概念，但是由于一批大型国企和品牌企业为接待外宾或政府考察而设立接待机构或专职人员，并精心设计参观内容和接待环节，实际上为工业旅游流程设计、服务管理等积累了经验，为上海工业旅游未来发展奠定基础，也储备了一批工业旅游专业人才队伍。

（二）“都市旅游”中提出工业旅游概念

1997年，在《上海都市旅游发展规划大纲（1997—2010年）》中提出都市旅游概念，强调旅游业与上海城市发展相融合，即充分利用人文资源和经济中心城市资源的优势、充分发挥城市新景观的作用和充分发挥城市的综合功能，打造融都市观光、都市文化和都市商业为一体的旅游特色，明确了未来上海都市旅游发展方向。自 1997 年起又陆续推出了以参观钢铁、飞机和汽车制造、石化、造船、造币为代表的近十条现代工业旅游观光线路。工业是上海城市的本质，也是展示上海城市形象的重要内容，工业旅游当仁不让地成为上海都市旅游中独具特色的产品类型。

（三）上海工业旅游规范管理和有序发展

2005 年，是上海工业旅游发展历程上具有里程碑意义的年份，这一年成立了由上海市经信委批准、在市社团局登记注册的全国首个工业旅游推进机构——上海工业旅游促进中心，创办了全国首个工业旅游专业网站——“上海工业旅游网”，编制了《上海市工业旅游“十一五”发展规划（2005—2010 年）》。随后十多年，上海制定了全国首个工业旅游地方标准《上海工业旅游景点服务质量要求（DB31/T392—2007）》，推出了近百条工业旅游主题线路；编印了“2007/2008/2009 上海工业旅游年票”，制作了上海工业旅游宣传口袋书、宣传册、地图，举办了全市工业旅游专题培训班，举办了全国工业旅游联盟成立大会等，在工业旅游规范管理和市场运营推广方面齐头并进，在全国工业旅游中产生了一定的知名度和影响力。

（四）上海争做全国工业旅游发展排头兵

上海是中国近代重要的民族工业发祥地、民族品牌发源地，也是现代工业的集聚地和先进制造业的抢滩地，工业文明底蕴丰厚，工业旅游资源丰富。2018 年 8 月，上海市政府出台《关于促进上海旅游高品质发展加快建成世界著名旅游城市的若干意见》（沪府发〔2018〕33 号），提出要“着力建设中国工业旅游示范城市”。2018 年 9 月 5 日中共中央政治局委员、上海市委书记李强在全市旅游产业发展大会上明确提出要把上海建设成为全国工业旅游示范城市的要求，并指出上海可依托飞机、船舶、汽车等先进制造业资源，发展工业旅游。在上海建设具有全球影响力的世界著名旅游城市进程中，已将工业旅游发展提到重要位置。

三　上海工业旅游发展现状

（一）五类景点资源汇集，形成工业旅游多元化发展格局

上海工业旅游资源得天独厚，伴随城市发展与产业结构调整所形成的工业遗存资源、代表城市现代文明的工业成就，以及展现工业科技及文明历程的各类展示场馆等，开发了多元化的工业旅游产品体系，提升了上海工业旅游发展的整体水平。上海工业旅游景点涵盖工业企业、行业博物馆、工业园区、创意产业集聚区、重大工程建设成就等五类。100余家工业企业、60家行业博物馆、300余家科普教育基地、137家文化产业园区以及100余处工业园区等丰富的资源构成多元化上海工业旅游发展版图。

（二）空间布局逐步形成，展现鲜明区域产业特色

“十一五”期间，上海工业旅游形成“一核四板块两延伸翼”的空间战略格局，在中心城区形成传统特色工业区、创意产业园区、行业博物馆和展示中心。“十二五”期间，上海工业旅游基本形成“183”总体结构，即一大弓箭形产业转型融合旅游示范地带；八大现代工业旅游基地包括新能源产业旅游基地、东部新一代信息技术产业旅游基地、东南部先进重大装备产业旅游基地等；三大工业旅游综合示范区包括创意城市最佳实践博览城、张江高科技园区、长风生态商务区。“十三五”期间，以打造“制造+服务”全产业链以及城市空间集约利用为目标，聚焦产城融合、城旅融合发展目标，形成“两岛、两带、六组团”的工业旅游示范发展空间。

（三）聚焦重点产业，打造工业旅游产品体系

上海工业旅游开发结合旅游资源状况，已设计航天、造船、汽车、科普、化工、产业博物馆、现代工业园区、服装、微电子、交通、创意产业、钢铁、特色建筑、特色工艺、食品饮料、今昔对比等16个工业旅游产品主题。设计了一系列主题线路，如“沧桑”上海—中国百年工业探访之旅、

“极速”上海—中国交通工业奔驰之旅、“起航”上海—中国船舶工业前进之旅、“飞天”上海—中国航天工业梦想之旅、“创意”上海—中国创意产业惊奇之旅、“信息”上海—中国信息产业高端之旅、“阿拉心中永远的回忆”“老建筑——新创意”等近百条工业旅游线路。

（四）保护改造工业遗存，演绎工业城市的文化记忆

杨浦：杨浦滨江见证上海百年工业的发展历程，是中国近代工业的发祥地，包括 7 处、12 栋、7 万平方米历史建筑和数百件工业遗存，原上海电站辅机厂、上海制皂厂、杨树浦煤气厂等百年工业遗迹，使杨浦滨江“工业遗存博览带”更加完整，通过活化利用原有的工业遗迹，成为“工业遗址公园”。

普陀：苏州河两岸保留不少工业厂房、工人及资本家住宅、工人革命运动遗址等各种类型的工业遗产上百处，将发挥苏州河沿岸工业遗产优势，支持、助力苏州河沿线工业遗产打包申报世界非物质文化遗产。

徐汇：徐汇滨江段突出工业遗存的有机更新，留住城市记忆；结合现有码头改造提升，拓展水上游览观光功能；按照世博—前滩—徐汇滨江文化功能核心区的功能定位，建设美术馆大道。

（五）市场认知不断提升，工业旅游社会效益逐步显现

工业旅游逐渐为广大游客和市民所认识和熟悉，游客人数不断增加。工业旅游是促进工业转型升级、培育新增长动力的重要力量，开发工业旅游，是“旅游+”为工业经济的价值增值插上了翅膀。十年间，全市工业旅游接待人数从 2006 年的 615 万人次，快速增长到 2017 年的 1 307 万人次。工业旅游已创造了可观的效益，2008 年工业企业因兴办工业旅游而增加收入达到 57 亿元。2015 年，工业旅游带动相关产业产值达到 70 亿元。

四　上海工业旅游发展模式创新

（一）以机制创新为突破，探索工业旅游先行模式

上海工业旅游在探索发展模式的过程中，以创新驱动，正确处理和把握

旅行社、景点、游客三者关系，积极探索创新发展模式，成立上海工业旅游促进中心，发挥社会服务机构在搭建旅游与工业融合中的服务平台、优化资源配置的作用，把握“政府希望不便做（政府要体现公共管理服务职能）”“企业想做不会做（企业只做本企业的事，并以盈利最大化为目标）”“市场需要没人做”三条原则来定位中心的作用，在实际工作中与政府保持“三无两有”的工作关系（三无：无上下级领导、无资金拨款、无人事隶属；两有：有业务指导和规范运作，有购买服务），实现机制创新，推进上海工业旅游领先全国的先行模式。

（二）以发展规划为指引，描绘工业旅游发展蓝图

上海在推动工业旅游规范化发展之初就着手编制全国第一个工业旅游专项规划——《上海市工业旅游“十一五”发展规划》，在推进工业旅游发展十多年里又陆续编制《上海市工业旅游“十二五”发展规划》《上海市工业旅游“十三五”发展规划》，以及《上海市工业旅游创新发展三年行动方案（2018—2020 年）》。这些规划或方案等指导性文件从战略高度明确上海工业旅游发展的意义、空间布局，制定推进举措、扶持政策等，提出上海工业旅游发展的方向定位，引领上海工业旅游平稳、健康、有序发展，为上海工业旅游的整体发展、全面提升奠定坚实基础。

（三）以地方标准为核心，奠定工业旅游发展基础

目前上海已出台 27 项旅游地方标准，制定“旅游+”地方标准，通过标准化手段引导新业态建设，工业旅游标准在上海“旅游+”地方标准推进实施方面颇有成效。2007 年，由市经信委、市旅游局、市技监局牵头，上海工业旅游促进中心负责编制工业旅游地方标准《上海市工业旅游景点服务质量要求》，2018 年修订发布。工业旅游地方标准是推荐性标准，是指导工业旅游景点建设发展的必要条件。截至 2019 年，已评定及复核的上海市工业旅游景点服务质量优秀单位和达标单位共计 62 家（其中 21 家优秀、41 家达标）。其中上海太太乐食品有限公司、上海纺织博物馆被评为上海市旅游标准化示范试点单位，上海国际时尚中心被评为国家工业遗产旅游基地，加快

培育了一批示范性、品牌化工业旅游景点。

（四）以人才培训为基础，培养工业旅游专业团队

自2008年以来，在上海市旅游局指导下，上海工业旅游促进中心紧扣工业旅游发展热点，先后举办了“上海工业旅游景点总经理岗位职务培训班”“迎世博，抓机遇，促发展”“市场营销”“工业遗存传承与展示”“品牌建设与营销”“景点规范服务”“开发模式创新”“工业资源与旅游要素结合”等主题培训班，对包括各区旅游局主管部门负责人和全国工业旅游示范点、上海市工业旅游景点服务质量达标、优秀单位主管负责人等进行培训，十多年来培训学员共达1 500余人次，涉及16个区文旅主管部门和100家工业旅游景点。邀请授课师资包括旅游主管部门领导、高校专家学者、业内资深人士、5A级旅游景区及部分工业旅游景点负责人等，达50人次。

（五）以区域联动为思路，实现工业旅游共赢发展

一是联系委办。2007年，上海工业旅游促进中心与工博会组委会论坛部联合主办首届国际（上海）工业旅游发展论坛，并荣获优秀组织奖；与市科委、市文管委等合作，挖掘上海科普教育基地和行业博物馆等资源，作为推广景点纳入“2007年/2008年/2009年上海工业旅游年票”；2011年，联合市文化创意产业推进领导小组、中华老字号行业协会，梳理和挖掘了一批上海特色创意产业园区和中华老字号企业，制作宣传册等。2012年上海“设计之都”活动周、2013年上海节能宣传活动周期间，分别策划推出“创意之旅”及“低碳节能·工业旅游”活动。2018年上海旅游节期间，推出《上海工业旅游口袋书》《上海工业旅游宣传》《上海工业旅游地图》，并发布四条工业旅游经典线路。

二是联合各区。2006年联合各区旅游局推选合作旅行社，上海工业旅游促进中心在《解放日报》《中国旅游报》发布公告，认定了28家旅行社为第一批工业旅游推进单位，并确定了首批合作单位，共同推进上海工业旅游的发展；2006年，洋山深水港旅游观光线路正式开通，中心被市旅游局、洋山港保税港区管委会指定为洋山深水港观光预约、接待三家单位之一；与区旅游局合作，深度挖掘辖区内工业旅游资源，已由2006年的50家发展到现在200家。

三是联动长三角。2006年，召开“全国工业旅游示范点江浙沪联手合作峰会”，联合江浙沪33家全国工业旅游示范点发出“诚实守信、规范市场、注重品牌、做出示范、做好服务”的倡议；通过《2008年上海工业旅游年票》，推出15条长三角工业旅游线路，覆盖面延伸至泛长三角区域的100余个工业旅游景点；与长三角64家旅行社建立协作关系，组织客源，设计线路，联动发展区域工业旅游。在2010年中国国际工业博览会期间，中心举办了“全国工业旅游携手发展论坛暨工业旅游线路启动仪式”，联动30家长三角工业旅游景点，成立了长三角全国工业旅游示范点联合体。

四是联盟全国。2019年7月9—10日，由工信部工业文化中心指导和支持，在上海举办全国工业旅游联盟成立大会，来自全国20个省市有关地区政府及工信、文旅等主管部门，联盟152家会员单位参加会议。该联盟在2019—2020年将以上海为依托，在全国开展工业旅游摸底调查、工业旅游培训等工作，推动联盟会员之间的交流合作，搭建“省自治区市—地区—全国”三级网络，有针对性地树立一批工业旅游特色景点（区）标杆。

（六）产学研联动发展，奠定工业旅游发展理论基础

上海工业旅游发展之初就在探索产学研合作，召开“工业旅游与产业联动发展研讨会”“首届国际（上海）工业旅游发展论坛”等，邀请相关政府部门领导，高校及科研院所专家，工业企业、产业园区及旅行社等相关负责人共同探讨工业旅游发展现状、瓶颈及趋势等，承接《上海旅游业与文化创意产业融合发展战略与对策研究》《晋江市创建福建省工业旅游示范市实施意见》《晋江市工业旅游“十二五”发展规划》，上海工业旅游十一五、十二五、十三五发展规划，《上海工业旅游创新发展三年行动方案》《长兴岛工业大旅游发展运营实施方案》等课题，将上海工业旅游的实践经验及理论思考作为政府推进产业发展的政策依据，也为外省市工业旅游规划、发展提供智力支撑。

（七）国内外交流合作，探索工业旅游产业化路径

上海工业旅游与荷兰鹿特丹港口工业旅游、日本 JTB 旅行社、韩国航空博物馆等进行互动交流，沟通国内外工业旅游发展现状、特点、瓶颈及趋势等，宣传推广上海工业旅游。全国 40 多个省、市相关政府主管部门来沪考察学习工业旅游，对上海创建工业旅游促进中心，探索市场导向型模式，政府引导、市场导向、企业主体、社会参与的运营思路表示赞许和认可。2018 年 8 月 23 日，来自 18 个国家的政府官员、旅游专家等 65 人组成的“2018 年发展中国家旅游资源开发管理研修班”外宾团来沪考察学习，交流中国及上海工业旅游发展的经验和做法，扩大上海工业旅游在国际上的影响力和知名度。

五　上海工业旅游发展面临的困难

（一）工业企业开发工业旅游的积极性有待提高

工业企业以“工业生产、工业加工、工业销售”为主业，旅游业是副业。工业企业开放工业旅游，需要具备开放工业旅游的软硬件设施及条件，如开辟专门的参观通道、设置互动性、体验性的参观点、完善旅游接待中心、休憩区等，软件设施包括配备一支工业旅游管理团队，提高旅游讲解水平、接待服务水平等。工业企业的领导及管理者需要充分认识到开放工业旅游的意义与作用，才能保证开放工业旅游的资金投入、人员保障等。但是，目前上海工业企业对开放工业旅游的认识不够深，仍旧停留在简单的参观和考察上，在工业旅游项目方面的持续性资金投入、人员投入不足，对工业旅游项目的整体营销和宣传不够。

（二）工业旅游展示开放性与工业企业的保密性需有机结合

工业旅游中，工业生产与旅游产品的生产和消费同时进行，这种同一性引发了工业企业生产过程展示和保密的矛盾。工业旅游内在要求的开放性，

工业企业内在要求的保密性和规避商业风险性。工业旅游具有知识性、专题性、深度性的特点，开展工业旅游对企业发展具有宣传、促进和提升作用，能够满足旅游者“求新、求知、求奇”的心理需求。工业企业的生产经营中涉及专业性强、技术含量高的内容则需要保密，而这些往往是对游客需要吸引力的内容。开发工业旅游项目要通过适度展示、巧妙展示的方式，既让游客对工业旅游项目产生兴趣，同时也保证企业的知识产权和商业机密。

（三）工厂企业的安全生产与游客游览安全需统筹规划

工业旅游的安全包括游客进入工厂企业游览的安全和工厂企业生产过程的安全。两者相辅相成，相互制约，成为工厂企业开放工业旅游需要考虑的重要因素。为保证工业旅游项目的吸引力，游览线路的设计要把握“与真实生产过程不离不弃”的原则，即游客能够参观到企业真正的作业场景，但是为确保安全，严禁游客进入作业区域。所以工业旅游游览线路要合理设置规划，在不影响生产的前提下，设置专门的游览通道，通道要有完善的安全出口，符合国家相关标准。对于体验生产流程的工业旅游项目，要辟出专门区域，模拟仿真，供旅游者体验。另外，对游客的安全教育和“游前培训”很重要。

（四）游客对工业旅游的认识度和兴趣度有待提高

由于工厂企业多数位于郊区，地理位置偏远，需要提前预约，同时还要组团前往，极大限制了游客参与工业旅游的积极性。同时，工业旅游景点的开发大多数还停留在参观生产流水线、展示厅、观看企业宣传片等，互动性、体验性、参与性的项目不多，趣味性和生动性不够，对游客的吸引力不强，导致工业旅游景点的重游率低。工业旅游作为蕴含知识性、专业性、科技性的旅游项目，只有深度开发和挖掘其文化内涵、完善旅游功能，就能充分调动游客对工业旅游兴趣度和知晓度。

（五）工业旅游公益性和经营性的关系需协调处理

工业旅游项目具有公益性和经营性的双重属性。许多工厂企业开放工业旅游项目源于社会责任和社会形象，如宝钢、海尔等，这是工业旅游公益性的体现，也是宣传企业文化，弘扬企业精神的表现，这些工业企业开放初期往往是免费的。作为工业旅游项目，对于纯粹的旅游景区或经营主体而言，应具有经营性的特点，旅游门票、旅游购物、餐饮配套等都是旅游产业链延伸，也是工业旅游项目持续、良性运营的保障。只有深刻分析和处理后工业旅游的公益性与经营性的关系，明确工业旅游项目的运营模式，才能保证工业旅游项目长远发展的生命力。

六　上海工业旅游发展前景

（一）放大产业格局，提升工业旅游发展能级

延伸产业链条，提升工业旅游产业附加值。依托上海创意人才与创新技术的集聚优势，协同上海市文化创意产业推进领导小组办公室，加大对工业旅游创意策划、衍生品设计等的孵化与扶持，促进工业旅游产品走向创意化、互动式、体验型发展。依托上海都市旅游“产城一体”全域发展和“文旅工农商体会”多产业跨界融合的优势，不断加强工业旅游的要素整合和产业辐射力度，有效发挥工业旅游的经济效益、社会效益和民生功能。

（二）加大市场供给，打造工业旅游精品体系

演绎工业文明，开发工业旅游优质产品。创新上海工业旅游资源开发利用模式，重点打造五类工业旅游精品。依托上海工业遗存，挖掘文化内涵，注入时尚元素，形成工业遗存创新转型的新地标，打造工业遗存产品；依托上海工业文博资源，结合多元展示与互动体验，形成工业文明传承与科普教育的新载体，打造工业博物馆产品；依托上海食品、服装、日化等老字号、著名品牌，结合“工厂+衍生品直销”等形式，融入美好生活的健康时尚新元素，打造民生类工业旅游产品；依托中国商飞、中国船舶、上汽集团等上海先进制造业重点基地和智能制造科技创新优势，拓展制造业的展示功能与旅游新体验，打造制造类工业旅游产品；依托上海城市更新和现代化进程中的工业建设成就，深化工业旅游认识，诠释工业旅游内涵，展示都市改革开

放发展成就的新典范，打造重大工业文明成就类产品。

（三）凝练主题特色，推出工业旅游精品线路

满足工业旅游新需求，串联代表性景区（点），优化旅游服务配套，重点推出工业旅游精品线路。依托百年工业遗存产品，推出黄浦江工业遗存水岸创意之旅、都市记忆时尚体验之旅；依托工业博物馆产品，推出百年工业文博之旅、探秘未来科创之旅；依托民生类工业旅游产品，推出健康生活体验之旅、休闲慢生活体验之旅；依托代表“上海制造”最高水准的制造类工业旅游产品，推出先进制造业辉煌之旅、多彩工业梦幻之旅；依托科技创新智能制造类工业旅游产品，推出科创城市体验之旅、智慧城市动感之旅、科技创新互动之旅。

（四）打造优质产品标杆，推出工业旅游品质产品示范

依托中国商飞、中国船舶、上汽集团等上海先进制造业重点基地和智能制造科技创新优势，拓展制造业的展示功能与旅游新体验，打造制造类工业旅游产品。结合城市更新、老工业基地转型，引导工业旅游园区化、城镇化发展。支持工业旅游集聚区的经营主体协作联合，共同推进工业旅游示范基地和示范点建设。计划到2020年，依托产业园区、工业城镇，创建10个工业旅游示范基地；依托上海工业旅游景点服务质量达标、优秀单位，创建100个工业旅游示范点。

参考文献：

1. 刘会远、李蕾蕾：《德国工业旅游与工业遗产保护》，商务印书馆2007年版。

2. 吴杨：《上海工业旅游研究》，上海交通大学出版社2017年版。

我国工业遗址博物馆发展策略与思考

刘 佳*

摘 要 近现代的文化、艺术、建筑以及科技成果无不富含工业文明元素，工业遗址见证了这一时期人类文明的进步。在工业遗址上修建的博物馆，收藏了具有特殊历史意义和价值的物质与非物质遗产，具有历史价值、科学价值、艺术价值、经济价值等。本文从近现代工业遗址博物馆的概念入手，介绍了工业遗址博物馆的特点及与其他相关博物馆的主要差异，针对目前的具体现状分析了存在的问题，并提出了具体发展对策。

关键词 近现代 工业遗址 博物馆 发展对策

从渔猎文明到农耕文明，再到工业文明，人类文明的发展经过了漫长的过程，形成了大量遗产，特别是在工业化时代，留下了大量的工业遗址、工业遗迹、工业设备等等。20世纪中后期，西方国家将遗产保护与“博物馆”相结合，并作为一种再利用的重要载体呈现较快的发展趋势。在各类博物馆中，近现代工业遗址博物馆是出现较晚的一种类型。目前我国这类博物馆还为数较少，但随着我国城市化的发展以及产业转型的进程，工业遗址类博物馆的数量将会有一个逐步的增长，成为今后我国博物馆发展的一个重要方面。

* 刘佳，中国铁道博物馆。

一 近现代工业遗址博物馆的概念及特点

（一）近现代工业遗址博物馆概念

从博物馆的馆址性质来分，工业遗址博物馆可归属于遗址类博物馆，但从博物馆的收藏性质与展示内容来看，工业遗址博物馆又属于工业遗产博物馆中的一种。这里，按照目前国际上通常的博物馆分类方法，即“以博物馆的藏品和基本陈列内容作为类型划分的主要依据”①，确定工业遗址类博物馆为工业遗产类博物馆。

对于近现代工业遗产的保护与研究，2003年，国际工业遗产保护委员会（TICCIH）通过的《下塔吉尔宪章》是第一个专门针对工业遗产保护和再利用的国际纲领性文件，界定了工业遗产的定义：“工业遗产是指工业文明的遗存，它们具有历史的、科技的、社会的、建筑的或科学的价值。这些遗存包括建筑、机械、车间、工厂、选矿和冶炼的矿场和矿区、货栈仓库、能源生产、运输和利用的场所、运输及基础设施，以及与工业相关的社会活动场所，如住宅、宗教和教育设施等。”②

关于近现代工业遗址博物馆概念的界定，本文参考国内最早研究近现代工业遗产博物馆的学者吕建昌（2016）的定义：遗址型工业博物馆是指建立在旧工业遗址上（或遗址范围内），对可移动与不可移动工业遗产、物质与非物质性工业遗产以及环境进行综合性的整体保护，或者以工业建筑遗产作为博物馆馆舍，收藏与展示工业遗产。③

（二）近现代工业遗址博物馆特点

正因为近现代工业遗址博物馆是建立在遗址之上的，因此它具有一般遗址性博物馆的共同特点，主要表现在以下三个方面：

① 王宏钧：《中国博物馆学基础》，上海古籍出版社2001年版，第54页。
② 刘伯英：《中国工业建筑遗产调查、研究与保护》，清华大学出版社2011年版。
③ 吕建昌：《近现代工业遗产博物馆研究》，学习出版社2016年版。

一是馆址具有不可移动性。即它是工业遗址的原址，位于原来的区域，如沈阳铸造博物馆，基本保留了原铸造厂翻砂车间的原貌；无锡中国民族工商业博物馆，以原荣氏兄弟的茂新面粉厂建筑原址为馆；西安大华工业遗产博物馆，以大华纱厂织布车间的建筑遗存改建；英国利兹工业博物馆（Leeds Industrial Museum）以原阿门雷纺织厂为馆址；泰特现代美术馆（Tate Modern）是由 Bankside 发电厂改建而成的。

二是展品和藏品的不可替代性。近现代工业遗址博物馆的收藏及展品都是在本遗址上发现的，其他地方发现的工业遗存一般不包括在内，即使在极少数的综合性工业遗产博物馆中，展有非本遗址的工业遗存，也要以本遗址的遗存为主。[①] 因此展品和藏品的内容具有很强的专题性、区域性，一般多为反映某一产业在近现代某个时期或某个城市的发展史。如英国的新镇纺织业博物馆（Newtown Textile Museum），反映英国 19 世纪新镇地区的纺织工业；克里夫兰铁矿开采博物馆（Cleveland Ironstone Mining Museum）反映了 19 世纪英国克里夫兰地区的铁矿开采业等。

三是遗址连同藏品一起被保护，具有双重性。近现代工业遗址博物馆的绝大多数藏品主要在遗址中，而不是在库房。遗址本身也是遗产，它既是藏品的载体，同时又是藏品和展品，是遗址性博物馆赖以生存的基础。因此近现代工业遗址博物馆的遗产保护和管理与一般非遗址类博物馆有很大差别，工业遗址博物馆的主要展示方式为原状陈列，将与工业时代相关的工业生产、工业设施设备、工业环境以及社会生活环境等原汁原味地呈现给世人。[②]

二　近现代工业遗址博物馆与其他相关博物馆的区别

从近现代工业遗址博物馆的藏品性质和陈列内容来看，它与社会历史类、艺术类、自然史类以及综合类博物馆的区别比较明显，但与涉及有收藏

① 吕建昌：《近现代工业遗产博物馆研究》，学习出版社 2016 年版。
② 吕建昌：《近现代工业遗产博物馆研究》，学习出版社 2016 年版。

和展示近现代工业遗产的博物馆，如科学技术史类博物馆、工业企业（行业）博物馆以及展示工业遗产的露天博物馆等相比，它们之间却有某些相似之处，这些博物馆都不同程度地承担着保存工业遗产的使命，并向公众展示反映工业发展史内容。以下就近现代工业遗址博物馆与这些博物馆进行简单的比较，以区别它们的不同之处。

（一）与科学技术史类博物馆的区别

科学技术史类博物馆重点是收藏、保护和展示人类在某一定历史时期内科学发明和技术进步所取得的成就，展品主要是采用当时科学技术生产制造的物品，也包括一些相关的生产制造设备和实验装置等，是科学技术发展历程的见证物。科学技术史类博物馆一般位于建筑物内，展示的展品都与其原生环境相脱离，被孤立地放在陈列展厅内。如位于英国南肯辛顿（South Kennington）的伦敦科学博物馆（Science Museum），该馆集中表现了科学与工业的发展和这种发展对社会所产生的影响轨迹，其中包含了乔治·斯蒂文森蒸汽机车（George Stephenson's Rocket）、第一部飞机引擎等意义重大的展品，即使有些展品可以动态展示，周围伴有辅助陈列的景观模型等，用以说明与该展品相关的原生产环境，甚至采用了多媒体仿真技术，看上去达到了十分逼真的效果。但从本质上讲，这种用辅助方法形成的“环境”毕竟是后人营造的，并不是真实的、固有的。而工业遗址博物馆的展品则是一种原址性展示，工业遗产、机械设备、构建物等都是在原来的厂房、车间中进行展示，保存着展品与其原生产环境的真实面貌，使观众可以身临其境地体验到历史场面。如 1988 年被列入世界文化遗产名录的英国南威尔士布莱纳文工业景观（Blaenavon Industrial Landscape），有一座大矿井博物馆，该博物馆就坐落于大矿井中，该矿井从 19 世纪前半叶开始产矿，直到 1980 年才停止生产，成为一座遗址博物馆，观众戴上安全帽下井参观，可以直接看到和体验当年矿工们井下作业的情况。

（二）与工业企业（行业）博物馆的区别

工业企业（行业）博物馆以企业（行业）为经营主体，反映本企业或相关行业的历史发展、重大事件和著名人物，形象地展示一个企业或行业的发展历程，既构成企业文化的重要内容，又可以发挥成为一种宣传企业形象和产品的广告效应。工业遗址博物馆展示的展品是见证了工业历史发展的某一阶段，将历史定格在某一时期，一般并不延续到今天。工业企业（行业）博物馆中有的也可能以企业的某一幢旧建筑作为馆舍，展示的物品中也有属于工业遗产的旧工业机械设备和制造物等。但是由于该博物馆所属的企业还存在，并且在不断地发展，随时还会有新的机械设备、生产制品等充实到博物馆的展品中去，所以对这种即使以企业的旧建筑作为馆舍的博物馆，确定为行业博物馆更为合适，而不宜划入遗址性博物馆。如中国铁道博物馆是行业博物馆中的典型，其中的正阳门展馆就是由历经百余年沧桑的原“京奉铁路正阳门东车站”改建而成。这座车站始建于1901年，1906年站舍竣工并正式启用。它的欧式建筑风格独特，历史底蕴丰厚，曾经见证和记录了许多载入史册的重大历史事件。作为中国铁路早期建筑的重要代表和珍贵的工业文化遗存，正阳门东车站于2001年被列为北京市重点文物保护单位。2007年，铁道部和北京市政府共同决定，将正阳门东车站改建为中国铁道博物馆。2010年，这座古老的火车站终以崭新的角色和面貌——中国铁道博物馆正阳门展馆呈现在世人面前并正式对外开放。

（三）与展示工业遗产建筑的露天博物馆的区别

在工业遗址博物馆中，有些工业遗址是矿山，如铁矿、煤矿等矿井，或是交通运输业，包括铁路、桥梁等，不可能将它们置于建筑内展示，于是便以保持原状的露天展示成为普遍的方式。由于有很多工业遗址博物馆本身就是在露天的环境中，因此，如果以是否展在室内或室外展示的标准划分，很多工业遗址博物馆也可以说是属于露天博物馆的一种。但是，在一些欧洲国家中，还有一些专门对重要历史工业建筑进行集中保护的露天博物馆，这与工业遗址博物馆是有区别的。其方法是将一些在原地无法很好保存的重要旧工业建筑或构建物、设备等搬迁到露天博物馆中集中重建，这种露天博物馆保护工业遗产的方式，与工业遗址博物馆对工业遗产的原址性保护不同，它是一种异地性保护。

将旧工业建筑迁移到一个地方实行集中保护，这一方法源于19世纪末的瑞典，工业革命获得巨大成功的同时，带来了人们对文化的渴望，带来了希望能够重现过去生活的浪漫情怀。第一座真正意义上的露天博物馆建于斯德哥尔摩地区的斯堪森博物馆（Skansen），1891年正式开放。瑞典政府为了保护分散在各地的许多面临毁坏的重要历史建筑，对它们采取集中保护的方式，这种方法对欧美国家产生了很大影响，英国、美国、荷兰等国纷纷效仿。从斯堪森博物馆建立，到现在这近130年间，世界上出现了大大小小不同类型的露天博物馆。露天博物馆从北欧开始，逐渐到西欧再到中欧，慢慢发展至北美洲，然后是亚洲和澳大利亚，而今非洲也出现了露天博物馆。这种露天博物馆的展示方式，与原址保护性展示相比较，显得有些无奈。露天博物馆与工业遗址博物馆的主要区别在于前者展品从别处迁来，后者保留着与工业遗产伴生的历史环境，而与这些遗产相关的历史环境的联系却不能被完全复制出来，于是可供观众睹物而产生联想的社会价值就丢失了。

（四）与其他遗址类博物馆的区别

遗址类博物馆根据其遗址的性质内容分类，可以有近代工业、古代科技、社会历史以及自然史这四类。自然史类遗址博物馆展示古地质年代所形成的特殊景观或遗留的古遗址和古文物，如广西柳州白莲洞古人类遗址博物馆等。社会历史类遗址博物馆展示人类历史上的重要事件、人物和历史遗存至今的遗址和文物，这些遗迹和文物的内容属于人文科学的范畴，如秦始皇兵马俑博物馆、徐州汉兵马俑博物馆等。古代科技类遗址博物馆展示古代人类的科技活动与成就，如湖北黄石铜绿山古铜矿遗址博物馆、陕西铜川耀州窑遗址博物馆等。目前在我国的各种遗址类博物馆中，以社会历史类的居多。近现代工业遗址博物馆虽也是在遗产的原址上建立的机构，但保存与展示的遗产内容与其他遗址类博物馆都不同。近现代工业遗址博物馆收藏、保护和研究、展示的对象是近现代工业遗存，包括工业建筑、构建物、机械设备、生产制品以及与工业生产相关的其他社会活动场所，如工人的住房、当时的教堂或者学校等，反映的是近现代工业史以及社会生活史。

（五）与利用旧工业建筑改建而成的美术馆的区别

工业遗址博物馆是利用原来的旧工业建筑或构建物作为收藏和展示的场所，但是，利用旧工业建筑为博物馆的，并不一定全部都是遗址性博物馆。有些旧工业建筑从工业史的角度考察，其历史价值和意义并不十分重大，但是从建筑美学或其他的角度考察，具有一定的价值，可以通过改造、再利用，于是被保留下来，也有改建为博物馆的。但是这种博物馆的藏品及其展示内容，与作为馆舍的工业建筑本身无关，所以就藏品性质而言，这种博物馆并不是工业遗址博物馆。如法国紧邻塞纳河畔的奥塞美术馆（Orsay）就是一个典型例子。奥塞美术馆的馆舍原为万国博览会而兴建的火车站，之后渐渐没落，废弃多年。1986 年火车站被改建为美术馆，以专门收藏和展示法国 19 世纪美术作品而著称，成为当今巴黎三大艺术宝库之一。又如世界最受欢迎的十大艺术博物馆之一的英国泰特艺术博物馆，有几座就是利用旧工业建筑改建而成的，其中河岸电厂改建为伦敦泰特现代美术馆，2000 年正式开放。类似的例子不胜枚举。这类博物馆虽然建在经过改造的旧工业建筑之中，建筑的外表基本上保持着过去的原貌，但建筑内部经过一定的改造，除了建筑结构之外，其他部分都有了较大的变化，更主要的是这类博物馆的收藏与展示的内容已不是旧工业建筑本身的历史，可以说与旧工业建筑及其行业毫无关系，博物馆坐落于此，主要是出于对旧建筑的保护和再利用而已。这类博物馆与工业遗址博物馆是不同的。

通过对比工业遗址博物馆与其他博物馆，工业遗址博物馆主要有以下特点：（1）位于原工业遗址；（2）利用原有的旧工业建筑（如厂房、仓库或矿井等等）作为馆舍；（3）以原状陈列为主要展示方式，最大限度地保留着与当时工业时代相联系的工业生产与社会生活环境。

三　近现代工业遗址博物馆的兴起原因

关于近现代工业遗址博物馆是哪一座的问题，现在还没有明确的定论，但可以肯定的是近现代工业遗址博物馆的兴起与“工业考古学”有直接的关系。虽然“工业考古学”术语早在19世纪末已出现，但是在20世纪50年代以前并没有被普遍使用。直到1955年，英国伯明翰大学的迈克尔·瑞克斯（Michael Rix）《业余史学家》（*The Amateur Historian*）杂志上发表了以“工业考古学”为名的文章，指出：“作为工业革命发源地的英国，到处都遗留着与工业革命一系列著名事件相关的历史遗迹，任何别的国家都将会建立专门机构来规划和保护这些象征着正在改变世界面貌的纪念物，但是我们对民族遗产是如此不在意，以至于除了很少几座博物馆保存少量的遗产之外，大多数的这些工业革命的里程碑遭受忽视或被无故损毁了。”[①] 迈克尔·瑞克斯的呼声唤起了公众对保护英国工业革命时期的机械与纪念物的关注。1959年，英国考古学会建立了工业考古学研究委员会，并且召开了首届学术会议，会上通过了一份向政府提出的决议，敦促政府做出一项关于对早期工业遗址进行登记和保护的政策。1963年，英国考古学会与政府公共建筑工程部联合建立了工业遗迹（址）调查委员会，并编写了“全国工业遗址（遗迹）记录”的基本索引，1965年，该索引记录的资料开始下达到各郡的“遗址与纪念物记录”组织，由各地方负责对工业遗产实施具体的保护与管理措施。

20世纪60—70年代以后，许多西方国家纷纷开始效仿英国，编制工业遗产建筑保护名单。如美国在《国家公园机构》（*the National Park Service*）的支持下，1969年诞生了“美国工程历史记录”（the Historic American Engineering Record）组织，该组织学习英国的方法，在调查的基础上首先产生了一份各个州的工业遗址、遗迹索引卡，在此基础上，再进一步确定哪些工业遗址遗迹将列为国家重点保护的对象。1983年，法国将工业遗迹纳入文化遗产之内；1986年，法国开始建立工业遗产资料库。与此同时，荷兰也开始了一项相似的建立工业遗产资料库的计划项目。

20世纪80年代以后，随着世界许多城市对工业遗产地的改造和更新、开发实践，对工业遗产建筑的保护和再利用引起了更为广泛的关注，工业遗

---

① Marilyn Palmer and Peter Neaverson: *Industrial Archaeology-Principles and practice*, Rout-ledge, London, 1998.

址博物馆作为一种对工业遗产的保护模式开始出现在人们的视野。如1989—1999年间，“国际建筑博览会”成功地实施了对德国鲁尔工业区的产业改造。

综上所述，近现代工业遗址博物馆产生的历史虽不长，但这类博物馆从一开始就受到重视。西方国家的实践证明，工业遗址博物馆不仅能有效地保护工业遗产，而且还可以成为“工业旅游”的重要景观之一，带来较好的经济利益。这也就是为什么在发达国家工业遗址博物馆一出现就呈现较快发展势头的原因。

四　我国近现代工业遗址博物馆存在的问题

我国目前虽然近现代工业遗址博物馆相对于其他类型博物馆比较而言，还为数不多，但是最近几年学界有识之士保护工业遗产的呼吁以及民间开展的旧工业建筑改造再利用，引起政府与民间对工业遗产的共同关注。在国家和各地政府部门的大力倡导下，各省、市、工业企业纷纷开展工业遗产普查，公布工业遗产保护名录，制定工业遗产保护管理办法，促使基于保护和展示利用功能的工业遗址博物馆的建设也得以快速发展，工业遗址博物馆建筑逐渐成为主动参与遗址保护和利用、表征城市历史文化、展示和传播历史文化遗产信息的建筑类型。但从博物馆专业的角度审视，近现代工业遗址博物馆还存在着一些明显的不足，主要表现在以下几个方面。

（一）陈列展示设计较低级

“陈列是博物馆实现其社会功能的主要方式。”① 陈列展览的质量如何直接反映博物馆专业能力的强弱，也关系到博物馆社会功能的发挥。但就当前情况看，个别工业遗址博物馆陈列设计存在着较多问题，展示流线经常混乱没有章法，展示流线应当依据一定的规律进行设置，如工业的生产流线或者是时间线。博物馆内展品绝不应当是兵营式的排列布置，优秀的展品布置方案不但可以突出展品的历史文化价值，同时可以活跃整个博物馆的内部空

① 王宏钧主编：《中国博物馆学基础》，上海古籍出版社2001年版。

间。另外，观众在参观展品时，光环境的舒适度是极为重要的，但个别工业遗址博物馆在改造过程中，光环境设计问题并没有完全考虑到。不懂博物馆展品对灯光的照明有特殊要求，甚至采用普通荧光灯照明。

（二）馆藏实物较空洞

博物馆的陈列展览强调以原真性的实物展示为基础，用实物来说话。但个别工业遗址博物馆的陈列展览，依靠大量辅助展品，与博物馆陈列展览的展示要求存在很大差距，与其说是博物馆展览，还不如说是一般的“展览馆”展示。之所以出现此种现象，可能由于博物馆收藏的工业遗产实物原件太少，真正有重要价值的工业遗产更是凤毛麟角。为了串联起这些零零星星的工业遗物，将历史的碎片拼凑成整段的工业历史，博物馆就依靠制作大量的辅助展品来弥补证实历史的实物空缺，结果是仿制模型、各种艺术创作等大行其道，替代品充斥整个展览。

（三）博物馆社会服务较单一

通常，工业遗址博物馆社会服务不仅仅只是展品陈列的一种补偿，更是博物馆服务社会宗旨的直接体现。观众是博物馆社会服务的主要对象，同时也是博物馆赖以生存的动力所在。目前我国对博物馆社会服务的研究正在不断加深，需始终将观众看作是社会服务工作开展的核心要素。[①] 但根据对工业遗址博物馆的调查发现，博物馆社会服务较为单一，除了必要的讲述介绍外几乎没有任何其他服务项目，甚至规模较小的博物馆都不会提供讲解服务。在博物馆的社会服务中，讲解仅仅是最基本的。对于观众来说，工业遗址博物馆的展品只有通过丰富生动的讲解，才能将展品的内涵和意义讲出来，才能发挥博物馆应有的社会功能，产生更大的社会效益。

（四）博物馆员工的专业化水平较低

工业遗产博物馆多为企业主办，博物馆员工也都来自企业，其中多数员

---

① 苏小涵：《中国沈阳工业博物馆工业文化遗产的保护利用及发展前景浅析》，《辽宁工业大学学报（社会科学版）》2015 年第 1 期，第 63—65 页。

工并非文物专业出身，缺乏博物馆的工作经历。当然对他们来说，从零开始能够做到今天实属不易，有些人在转行博物馆后，不断学习，苦练内功，努力使自己逐渐从外行转变为内行，但是良好的愿望并不等于实际结果。从博物馆的发展与社会对博物馆的要求来说，这种局面一定要尽快改变，应积极向社会引进或招聘博物馆专业人才。只有这样，工业遗址博物馆的运行水平才能大幅度提升。

五　我国近现代工业遗址博物馆的发展对策

（一）对遗存构建筑物及其相关元素进行合理利用

与常见的各类历史、艺术以及主题博物馆相比，工业遗址博物馆的厂址内所有元素都是展陈内容的部分，无论是有形的建筑、工业生产设备还是无形的相关生产技艺、工艺与企业文化，都应当在展陈空间规划设计中占有一席之地。而为了准确把握工业遗址博物馆的展示主题与内容之间的关系，向观众传达工业文化遗产所蕴藏的特殊内涵，需要对遗址空间内对原有的部分构建筑物、遗存物品以及相关书面史料等进行必要的改造和整理，在不破坏与遗址主题相关要素完整性的前提下，从博物馆运营视角对其进行重新规划设计。此外，在空间规划和重构时，拆解和移除的部分建筑材料和遗存物视其特点应妥善处理，将可以在空间改造工程中利用的部分妥善保存和有效利用，从而在展陈空间构建时减少现代元素，让整体氛围符合遗址的历史原貌。

（二）结合展览主题与遗址现状规划展陈流线

由于工业生产设施占地面积大且相关建筑物内部空间比较开阔，因此工业遗址博物馆在展陈设计方面有很大的空间可以利用。应着重于参观路线的科学规划，根据遗址展示主题与内容需要，结合各部分空间的结构与环境特点，为参观者规划出一条既能够准确感知展示信息，又可以满足其各方面需求的路线。首先，按照展示主题以遗址的既有生产工艺流程或发展历程为主线，将相关物品、文字记录与说明材料或者辅助展示道具、装饰等陈列于各个区域，确保参观者能够完整的感受博物馆的展示内容。其次，在遗址的开放空间设计与展示内容相关的景观小品与休闲区域，利用空间重构改造的闲置材料和物品，制作雕塑、休闲桌椅和装饰作品，让参观者在充满特殊工业文化气息的空间内休憩。

（三）多途径提高博物馆从业人员的专业化水平

人才是工业遗址博物馆提升专业能力的关键所在，需针对博物馆从业人员展开系统化培训，以此促进工作服务水平大幅度提升。一是向社会引进或招聘博物馆专业人员，二是对博物馆在职从业人员进行业务培训。就当前实际情况来看，上述两点都需要执行，其中第二点尤为重要。加大在职从业人员教育培训投入，创造条件，积极鼓励支持在职从业人员参加学历教育和继续教育培训，并在培养、引进和使用人才方面制定专门的管理办法，在岗位设置、专业技术职务晋升、评审与聘任等各个环节进行合理规划，既严格各项标准和要求，又不拘一格，为博物馆从业人员设计合理的职业发展生涯。此外，工业遗址博物馆也可积极与国家一级博物馆构建良好合作关系，通过对其自身的业务指导，不断提高自身实践水平。

（四）运用现代科技提供体验式服务

工业遗址博物馆坚持把以人为本作为服务的核心，把让观众满意作为工作的出发点和落脚点，可以直观地把映射在工业遗存上面的历史典故和社会环境背景展示给社会公众，增加观众的社会责任感和价值认同感。目前多媒体设备以及VR技术等已经走进了博物馆，成为提升观众参观体验和精准传达展示信息的重要工具。[①] 而工业遗址博物馆所展示的主题与内容非常适合运用现代科技，这是由于工业文明遗存虽然与历史文物和艺术品有本质区别，不需要严密的隔离保护，但是同样具有一定的不可替代性，因此为了让观众真切的体验特殊的工业文明氛围，可以运用现代科技增加交互环节，

---

① 李颖：《博物馆展陈设计的形式与空间布局研究》，《大众文艺》2017年第14期，第151—152页。

把工业遗存淋漓尽致地凸显出来，达到让观众利用虚拟现实技术和相关设备，感受真实的生产场景。或者通过多媒体设备观看相关影像资料，回顾与现实生活关系密切的并不遥远的历史，契合人们参观工业遗址博物馆时的怀旧情怀。

· 工业调研 ·

访谈武汉大通公司总监龚红星

龚　颖*

一　调研简介

坐落于千湖之省湖北的武汉是一座百湖之城，因其发达的水运孕育有独特的码头文化。被长江和汉江两条大河隔开的汉口、汉阳和武昌三镇原本也是各自发展，难以交流。新中国成立后，在苏联专家的技术支持下，武汉长江大桥——也是长江上的第一座大桥——的建成让轮渡不再是三镇之间唯一的交通运输方式，正所谓“一桥飞架南北，天堑变通途”。改革开放以来，一座座桥梁的架起对两江三镇的沟通起到了极为重要的作用，本调研访谈的对象正是一位曾经参与了武汉长江二桥和沌口长江大桥建设的监理工程师龚红星，他见证了武汉从只有一座长江大桥到目前武汉段长江上有九座桥梁的巨大变化，通过与他的访谈，笔者得以一窥武汉这座工业重镇、英雄城市从曾经一度衰落为“大县城”到现在逐步振兴的过程。而他所供职的武汉大通工程建设有限公司是国企改革中较为成功的一例，目前属于我国建筑监理行业的第一梯队，故此武汉大通公司的发展也为笔者观察我国经济转型与发展提供了一个侧面。

---

* 龚颖，华中师范大学历史文化学院。

二　企业相关情况简介

武汉大通工程建设有限公司（下文简称大通公司）原名武汉大通公路桥梁工程咨询监理有限责任公司，是中国交通建设集团第二公路勘察设计研究院有限公司（下文简称中交二公院）旗下的子公司。中交二公院是我国公路勘察设计行业综合实力最强的企业之一，连年入榜“中国工程设计企业60强”，是国家高新技术企业、全国工程勘察设计先进企业，公司具有公路、桥梁、隧道、交通工程、市政、轨道、建筑、环境生态、岩土与地下工程等专业领域的规划咨询、项目策划、勘察设计、投资建设、项目管理、工程总承包以及运营管理等全产业链技术服务能力，始终秉承“优质创新、服务客户、安全环保、奉献社会”的质量方针，具有承担国家级重大科研项目开发和编制行业技术标准、规范、手册、指南的技术实力。[①] 大通公司则负责了很多大江大河上的特大型桥梁、高速公路、大型隧道等项目的监理工作，如苏通长江公路大桥、辽宁省滨海公路辽河大桥、中朝鸭绿江界河公路大桥、武汉市沌口长江公路大桥以及现在在建的广东省深中通道等项目，有着丰富的监理经验和业绩。

三　访谈部分

访谈时间：2021年5月15日 14:00—16:00

访谈地点：受广东疫情影响，使用腾讯会议App线上进行

访谈人：华中师范大学历史文化学院龚颖

受访者：武汉大通工程建设有限公司项目总监龚红星

问：谢谢您百忙之中抽出时间接受我的采访！能否请您先介绍一下自身

① 参见中交二公院官方网站“企业概况-公司简介”版，https://www.ccshcc.cn/portal/list/index/id/12.html，访问日期：2021年5月14日。

的工作经历？

答： 1990 年，我大学毕业被分配到大桥局桥科院，从事了一年的设计工作。然后便开始了路桥工程监理的职业生涯。这一干就是 30 年，呵呵！从监理员、专业监理工程师，再到组长、总监。这 30 年来南征北战，我也有幸参加了很多项目，有湖北省的，也有省外的，北到东北，南到广东，东到上海。

问： 您一开始是怎么被分配工作的？国企改革对您的公司有何影响？

答： 我们大学毕业的时候还属于国家统一分配，以后才逐步地实行双向选择，自己找工作。大通公司是国企，上级单位是中交二公院，属于中国交建。桥科院也是国企，上级单位是中铁大桥局，属于中国中铁集团。中国交建以前归交通部，是修公路的。中国中铁以前归铁道部，是修铁路的。国企改革以后，分别从交通部和铁道部脱离，现在都归国资委①管理。交通部是政府的一个部门，中国交建以前是交通部的下属企业。改革开放以前，政企不分，企业也很讲究级别，比如大桥局、中交二公院都是局级，桥科院和武汉大通则都是处级。后来政企分开，企业走上了市场，靠市场竞争自负盈亏，不再由政府包办。比如铁道部、交通部只保留部分的行政职能和行业管理职能，而其他的一些职能不再保留，而是走向市场经济。铁道部、民航现在变成了交通部的一部分，是一个大交通部，作为国务院的一个部门行使行政管理职能。交通部不再管理企业的人财物，但它作为行政主管部门，要对交通企业进行行业管理，比如对企业的资质、质量、安全等行为进行规范和管理。国企改革以后，打破了条块分割，所以大家既可以修铁路也可以修公路，市场竞争更充分了。现在的国企，特别是各个行业的大型重点企业，都专门归国资委管理，所以又叫央企，比如中国中铁集团、中国交建集团都是央企。而各个省市的地方企业，归各个省市的国资委管理。

问： 那国资委对武汉大通公司的工作有什么影响吗？

答： 国资委是代表国务院对国有资产进行管理，就是加强监督，防止国有资产流失，更多地是宏观管理吧，我们的具体工作该干啥还干啥。

① 即国务院国有资产监督管理委员会。

问：报销流程之类的有没有变得更严格呢？

答：报销流程的确越来越严格，管理越来越规范。至于以前单位普遍存在的尸位素餐之类的问题，我个人感觉已经有了相当大的改观，特别是在企业里，反正现在闲人少，我看个个都在忙，都在干活。

问：您当时为什么没有继续从事桥梁的设计工作呢？

答：因为1991年，正好武汉长江二桥项目上马，成立了专门的监理办公室，需要监理人员，于是从设计等部门抽调了一些，充实监理的力量。那时我们国家的监理行业也刚刚起步，所以我们也差不多是最早的一批从业人员。

问：能请您介绍一下建筑监理行业的工作内容吗？

答：监理行业是向国外学习引进的，主要为业主单位提供技术管理咨询服务，是独立的第三方，参与工程建设的监督管理。中国刚兴起监理行业时，将监理赋予了政府监督的部分职能，后来逐步淡化、取消，现在基本定义监理为第三方技术服务。我们一般是施工监理，主要针对施工的质量、进度、安全、投资等进行监督管理。

问：您刚进入监理行业就参与了武汉长江二桥这样的重大项目，能否介绍一下您当时的工作经历？

答：那时候我还是小小的基层监理员，每天从单位坐车去工地。我家在汉口，我们这个小组在武昌，长江南岸，所以要从汉口到武昌，有的时候还要绕行汉阳。因为路途遥远，有的时候还要转公交坐轮渡，穿过市区，往返于长江南北。有的时候工地值班就住在工地。具体来说就是会参与到大桥建设的一些重要工序中，比如钢筋的绑扎、混凝土的浇筑等，进行检查、验收、监督、管理的工作。

问：那您现在当上总监了还需要下工地吗？

答：当然会下工地，但更多的是侧重于组织管理协调，也就是更多的是安排专业监理工程师、监理员等等下工地。

问：请问不同的监理公司是如何竞争某个项目的呢？

答：监理公司有成百上千甚至成千上万，施工的公司就更多了，各行各业都有，除了铁路公路，还有电力啊，化工啊，石油啊。所有制形式也多种多样，有国企，也有股份制企业，还有私人企业。现在的施工、监理单位都是参与公开招投标，中标之后才有资格参与某一个项目的建设，这个叫招标投标制。我国的一些重点项目，特别是国家投资的项目，大多采用公开招标的办法。公开招标是有严格要求的，有专门的机构、平台以及相关的制度，包括信息披露等等，目的就是为了防止官商勾结、贪污腐败、黑箱操作。

问：您曾经供职的桥科院和县长的工作单位大通公司都位于武汉，它们和武汉有什么渊源吗？

答：五十年代为了修建武汉长江大桥。从全国各地抽调了很多技术人员。1957年大桥建成后。留下的人员机构便成立了大桥局，包括桥科院。我是2008年从桥科院离开，跳槽到武汉大通的。武汉大通公司是中交二公院的子公司，交通部除北京以外原来有两家设计院，第一公路勘测设计院简称一公院设在西安，而二公院放在了武汉。

问：您为何选择跳槽到大通公司？

答：桥科院全名是桥梁科学研究院，以前的主业是科研、试验、检测，可以说监理是副业。而且监理人员长期在外出差，工作上生活条件比较差，也很难照顾家庭亲人，但是监理的收入没有其他主业的高。那个时候桥科院工资偏低，而大通公司监理人员的收入要略高一些。当然工资也没有那么低，更重要的是感觉监理人员没有受到应有的重视，何况人往高处走嘛。

问：我注意到中交二公院的质量方针是“守法诚信，质量优良，安全环保，持续改进”，其中尤其提到了“环保”。这种发展理念很符合国家近年来出台的一系列保护绿水青山的政策，请问武汉大通公司在环保方面有什么特别注意的地方吗？相比别的公司，这应该是大通的一大优势。

答：是的，现在国家对环保的要求越来越高。以深中通道为例，和港珠澳大桥一样，深中通道所处区域是中华白海豚国家级自然保护区，那么结合到我们的具体工作，比如钢箱梁的面漆涂装改变传统的桥位施工方式，规定在车间内进行，并配备专用除尘净化设备，减少对大气和海洋的污染。再比如，连接桥梁和隧道的两个海上人工岛，采用了深插钢圆筒快速成岛工艺，相比传统的抛石围堰工艺大大提高了效率，也最大限度地减少了对海洋环境的污染。桥梁、隧道的混凝土工程尽量采用在工厂预制再到现场装配的方式，坚持工厂化、装备化的理念，将海上工作转为陆上工作，采取海上搭积木的方式，减少对海洋水域的占用，减少施工污染和噪声，加强对海洋环境的保护。

问：您来到大通公司后参与的辽宁省滨海公路辽河大桥项目有何特别之处？我查阅到的资料显示，辽河大桥建成时，时任国务院副总理李克强曾带人前去视察。

答：辽河大桥当时是长江以北地区跨度最大的双塔双索面斜拉桥，为辽宁省滨海公路上最后一个通车的节点。辽河大桥的通车，使滨海公路全线贯通，标志着辽宁沿海经济带路网建设迈上了新的里程。李克强副总理当时应该是视察辽宁，振兴东北老工业基地。

问：能不能介绍一下这十多年来您感受到的大通公司的发展？

答：大通公司现在和二公院另一家子公司合并了，除了监理还可以开展总承包工作。总承包公司侧重于管理，和施工单位合作一起完成建设工作，所以现在的大通公司比以前业务范围更广一些，前途更广阔一些，不仅能进行监理、咨询工作，还能承担代建、总承包的任务。这十多年来大通公司跟随着国家经济大发展、扩大基本建设的步伐，也在不断地壮大发展，参加了很多大江大河上的特大型桥梁、高速公路、大型隧道等项目的建设，比如当时长江上跨度最大的苏通长江大桥、现在在建的深中通道项目，大通公司的优势还是在大江大河上的特大型桥梁方面有着丰富的经验和业绩。自去年与总承包公司合并以来，大通公司新的领导班子推出了一系列新的改革举措倒是可以举出一两例。比如项目成本核算制，项目管理的责权利进一步明确，奖优罚劣更能调动大家的积极性，还实行二次开发奖励制度，鼓励大家干一个项目树立一座丰碑，交一批朋友赢得一片市场。港珠澳大桥招标时要求各单位到工地现场很多人，大通公司当时没有那么多人。深中通道目前是除港珠澳大桥之外规模最大的交通项目，所以能参与建设就是一件很值得骄傲的事情。一方面是大通规模扩大，更重要的是通过公开招投标竞争赢得了参加深中通道项目建设的机会。竞争对手也很多，比如桥科院监理公司、铁四院监理公司，以及其他公路铁路上的一些监理单位。因为深中通道规模大，所以有很多监理公司和施工单位，分别监理、施工不同的标段。但是门槛也是很高的，能参与的单位也都是代表国内最高水平的。

问：请问您对我国监理行业今后的发展有何看法呢？

答：我认为下一监理行业的发展还需要进一步地探索、创新。

问：您所做的监理工作和实体经济联系紧密，对于我们国家近年来的经济发展您有什么感受吗？

答：大通和桥科院监理公司发展得都不错，因为近些年道路桥梁等基础设施投资旺盛、工程建设市场蓬勃发展，换句话说就是工程建设项目很多，那么当然监理的任务也就很饱满，发展势头自然不错。那么为什么项目这么多呢？一方面是国家的固定资产投资增加，国家刺激和发展经济的影响。经济学上，拉动经济有三驾马车，分别是投资、出口和消费。为应对2008年世界金融危机，我们国家就出台了4亿万元的投资政策，加大基础设施建设，扩大国内需求，有效地刺激了经济发展。另一方面也是经济发展、社会发展带来了需求的增加。所谓要想富先修路，比如湖北的恩施，旅游资源很丰富，茶叶等土特产品质也很好，但因为地处山区，过去交通不便，你藏在深山人不识，现在通了高速公路，又通了动车，一下就变成了网红打卡地，不光吸引了本省游客，甚至吸引了全国老百姓。交通便利了，旅游的人进得来，山里的货物也出得去，开餐馆办民宿的多了，外面来投资办工厂的也多了，经济搞活了，就形成了良性循环。

问：上面说了很多公司常态化的运作，那么请问新冠疫情暴发期间武汉大通公司是如何运作的？有没有什么防疫措施？疫情得到控制后对施工单位的监理中有没有增加一些卫生防疫方面的要求？

答：当然了，疫情期间，武汉大通是有针对性措施的。首先是执行国家的防疫政策。公司总部和湖北省的项目机构，都老老实实地执行封城的要求，暂停集中办公，通过网上联系。包括我们深中项目的总监办，原来设在武汉，去年4月8日武汉解封以后，员工才陆续返岗，5月下旬才搬到广东。而那个时候身在广东的我，差不多就成了独立大队。在家人的帮助下，我主要是通过网络办公，尽量减少疫情的影响，少耽误工作。其间视频专家会也开了数个，并安排少数几个湖北省外的同事赴工点开展工作。返岗复工都有严格的要求，人员情况要统计排查，人员来往要登记，办公场所要进行严格的消毒，住宿独立，不集中就餐。当然戴口罩、勤洗手、少聚集、多通风等等是少不了的，个人防护用品如洗手液、消毒水也都没少买。对施工单位的防疫措施也是要进行检查督促的。最近随着疫情的反复，防疫要求有了加强，又恢复了戴口罩、测体温、出入都要扫码登记等措施。

问：能不能请您介绍一下沌口长江大桥和武汉长江二桥这两个您参与过的项目各自的定位和发挥的作用？

答：1957 年，武汉长江大桥通车，这是新中国第一座长江大桥，由苏联援助建设。1968 年，南京长江大桥建成。这是首座由我国自主建设的长江大桥。1995 年武汉长江二桥建成，这是我国改革开放以后，随着经济建设的发展，桥梁施工技术的进步，武汉建设的首座大跨径长江大桥，也让大桥、二桥联起手来，形成了武汉市内环线。沌口长江大桥则是武汉市第九座长江大桥，是武汉市四环线的关键控制性工程之一，连接武昌和汉阳的沌口经济开发区。桥面宽 46 米，双向八车道。2017 年建成时，是长江上最宽的桥。

问：最后我想请问您对武汉这座曾经的“大县城”自二桥建成以来的发展有何感受？

答：雨后春笋，蒸蒸日上！先说桥梁，从二桥 1995 年建成以来，武汉的长江大桥就像下饺子一样。武汉大桥往南，有鹦鹉洲大桥、杨泗港大桥、白沙洲大桥、沌口长江大桥、军山长江大桥。武汉二桥往北，有二七长江大桥、天兴洲大桥、青山长江大桥、阳逻长江大桥。都快数不过来了。还有武汉长江隧道、长江公铁隧道，以及那么多地铁跨江隧道，真的是数不胜数。地铁轻轨从 1 号 2 号线发展到现在的 11 号线、12 号线，去武汉三镇的好多地方都十分便捷。从武汉站、汉口站、武昌站出发的高铁动车也通向了全国各地。天河机场的改扩建，让出省出国也更方便。城市建设方面。汉口的后湖片区、古田片区，汉阳的沌口新区、四新片区，武昌的南湖片区、东湖高新区，也都是高楼林立日新月异。曾经的武汉号称“脏、乱、差”，全国著名。现在，你看看两江四岸的江滩公园、东湖的绿道、武大的樱花、高架桥上的车水马龙、市场里商品的琳琅满目、武汉人洋溢着自信的笑脸，都让人不禁为身为武汉的一分子而骄傲。近期武汉新增了不少街头小公园，一些老旧小区也在改造，又为武汉添了一抹亮色。更重要的是，武汉并没有停下城市建设和经济发展的脚步，说明我们在疫情的冲击下站稳了脚跟，我们的经济是有韧性的，我们的国力也更强了。时光荏苒，从学校毕业来到这座城市，屈指算来，30年一瞬间，应该说我们既见证了武汉的发展，也分享了她的成长。

问：谢谢您抽出宝贵的时间精力接受我的采访！我相信武汉一定能顺利克服疫情的冲击，我们的国家也一定会取得更好的发展。

四 总结与思考

通过与武汉大通公司项目总监的访谈，可以看出改革开放以来我国的国企改革收效显著，以前国企存在的缺乏生产积极性等问题在市场竞争的刺激下也逐渐得到改善。大通公司的发展壮大和我国对基础设施建设的重视以及政府投资的增加密不可分，其注重环保的监督管理理念正体现了我国经济发展模式从粗放型向绿色低碳集约型的转变与我国构筑人类命运共同体的努力。而大通公司也见证了武汉这座老牌工业城市在世纪之交的振兴，经历了新冠肺炎病毒带来的浩劫，这座英雄的城市正在涅槃重生。

对广西宁明东亚糖业有限公司的调研访谈

甘宇健*

一　调研简介

我调查的是我家乡的一家企业——广西省崇左市宁明东亚糖业有限公司。该公司属于广西东亚糖业有限公司下属的一家企业。我调查的原因主要是我家乡那边以种甘蔗为主，也有中国糖都的美称，宁明县糖厂也是宁明县的主要支柱产业，但从 1993 年发展到现在，糖厂的发展渐缓，也开始面临转型的情况。我前几年还去过一次糖厂，里面的设备各方面已经很破旧了，看得出来基本上设备厂房什么都没有更新。

在改革开放以前，榨糖业分布于宁明县的部分乡村，作坊简单，农户单庭或联户经营。至 1975 年，宁明糖厂建成投产，1993 年将宁明县糖厂与泰国两仪集团合资成广西东亚糖业有限公司。目前广西宁明东亚糖业有限公司有 716 人，企业总产值 30.58 亿元。共榨甘蔗 74.3 万吨，产原糖 9.88 万吨，两线累计共榨甘蔗 135.85 万吨，累计生产原汤 20.21 万吨。主营产品包括生产销售白砂糖、精炼糖、绵糖、原糖、黄砂糖，进出口糖以及蔗渣、废蜜。

本次访谈人物是宁明县糖厂工业委员会主席容先生。一开始我只是想找一名在糖厂打工的工人进行访谈，但是问了一些情况之后发现他们所了解的情况甚少，后来我又想找公司目前管理的高层，好不容易找了一位农务部的

* 甘宇健，华中师范大学历史文化学院。

负责人，但是被拒绝了，硬说他没有时间。后经我哥介绍，认识了驼龙乡原第一书记、宁明县糖厂工业委员会主席容先生，他在当驼龙村第一书记的时候，对本乡村民种植甘蔗情况和村民与糖厂签约合作的情况比较了解，带领村民发展甘蔗双高基地，他为我介绍了糖厂的发展历程以及比较流行的二步制糖法，还有新冠疫情期间糖厂的状况等。

二　企业简介

广西宁明东亚糖业有限公司是由泰国两仪糖业集团与宁明县糖厂于1993年合资组建，属大型中外合资制糖企业，公司位于宁明县城北面湘桂铁路沿线，距322号国道南宁至凭祥公路仅4公里，交通便利。

公司前身为宁明县糖厂，始建于1975年，初期日榨能力为500吨。1993年10月份合资后，经过逐年整改扩建，现已拥有两条制糖生产线，经过不断地技改扩建，目前压榨能力达19000吨/日。2019/2020榨季共压榨甘蔗152.49万吨，产糖量20.5万吨，实现生产总值约21.9亿元，有力地助推当地社会经济的发展。先后荣获“崇左市十佳工业企业”“自治区农业产业化龙头企业”“自治区文明单位”等荣誉称号。2021年荣获“广西五一劳动奖状”荣誉。

公司现有固定资产约10亿元，占地面积21.7万平方米。现有员工659人，专业技术人员78人。公司通过了ISO 9001：2000、食品安全（HACCP）及QS的认证，生产的“榕峰”牌优级白砂糖以其优良品质获得了客户的好评。产品质量指标，如色值、混浊度、SO_2含量，均达到工业用糖食品安全的标准要求，过硬的质量使公司成了百事可乐、娃哈哈公司、雀巢公司等知名企业的原料供应商。

2008年公司投资5.5亿元建设精制糖综合能源循环利用项目，采用国际先进的“二步法”制糖生产工艺，于当年12月竣工投产。2013年公司建设污水末端处理系统，进一步提升了公司节能减排能力，2015年投资2200万元新建原糖仓项目，将旧线生产工艺改造升级为“二步法”生产工艺。

三　个人访谈

问： 您好，您能简单介绍一下您的公司吗？公司生产的产品有什么？

答： 我们这是“广西宁明东亚糖业有限公司”，虽然平时大家都简单地叫“糖厂”，但是其实很多人并不清楚它的来历，也分不清楚宁明县有两个糖厂，一个在县城，叫广西宁明东亚糖业有限公司，另一个在海渊（宁明县下的乡镇），叫广西海棠东亚有限公司。这两家糖厂都属于广西东亚糖业有限公司。总公司在南宁，是属于中外合资的企业。主要生产白砂糖、精炼黄砂糖，负责生产、购买，还销售糖以及附加的甘蔗渣、废蜜等糖副产品。

问： 请问糖厂员工人数一共有多少呢？员工的工资待遇怎样？是如何对员工进行管理的？

答： 目前县城的这边的厂有 757 人，海渊那边的有 716 人，目前糖厂主要的部门有农务（负责管理蔗区，收购甘蔗入厂）、生产（负责把甘蔗压榨到产出白砂糖）、质量（负责生产过程及产品的质量监督）、财务、人事部、行政后勤部门、销售部门、采购部门，至于员工的工资则要看具体的职位还有工龄，像在生产线上的工人也分为试用工、普通工、高级工这些，具体的工资肯定不一样，还是要具体来谈。对工人的管理方面就是划分不同的班组，由老工带管不同的班组。

问： 您是如何看待本地人外出打工而不选择留在糖厂打工的呢？您认为这反映了什么呢？

答： 近年来这种情况也很多啊！以前糖厂的工作还是比较吃香的，尤其是生产线上的工人，一方面不需要太高的技术水平，一方面给的薪资也还是可以的，员工待遇还不错，主要还是离家近嘛！现在就不一样了，我们以前有很多厂里员工的亲戚朋友，哪个小孩不读书了还是不想种地了，就说来糖厂这边先干着。但现在很多都是直接去广东打工，这也是没办法的事情。现在的年轻人很多不愿意留在宁明这边了，外面的工资确实是高，而且现在交通那么发达，来回也不是什么大问题，很多年轻人自然就不愿意留在这里了。主要还是年轻人的选择更多了吧！现在信息又这么发达，年轻人见识到外面世界肯定不愿意留在这里，我们这里相对来说条件还是差一点，而且外面的机会比较多一点，现在年轻人哪个不想出去闯一番，有哪个愿意留下来呢？我们厂里现在大多数都是资历比较老的职工了，像生产线上的这些工，很少有年轻人愿意来干，不过倒是像财务那方面的还是会有人愿意来应聘的。不单厂里是这样子，现在很多乡下都这样，没几个年轻的愿意留下来种地，像我们乡下主要就是种甘蔗这些，每年到时间要砍甘蔗了，也都是到处招人。为什么要去拉越南人来砍甘蔗，就是因为现在愿意干这个的人少了，年轻人本来就不多了，老的还有多少能干得动的？所以前些年一到季节就招一些越南人过来砍甘蔗，近几年来很多村都是这样子的，自己家的甘蔗实在是砍不过来了。而越南人相对来说，都是一些年轻的，愿意来这边做工，村民们只需要管饭和工钱就好了。所以这也是没办法的事情。

问：厂里有没有发生过劳资纠纷或者群访事件？

答：这些年都没发生过什么大的事情，我也没听说过之前有发生什么这种事情。主要是因为厂里工资什么的也按时发，还有很多都是老职工了，没什么好闹的，一些季节性的工人很多也都是熟人介绍来的。我们这里还算是稳定的了，毕竟现在主要还是发展榨糖业，乡下都还在种甘蔗，近几年也还在搞甘蔗“双高”基地，甘蔗的来源还是比较稳定的。不像那些搞房地产的，经常有烂尾楼拖欠工资这些事情出现。除此之外像前几年还有一些工人和外面的人打架的事情，现在治安管得严了，也没怎么发生了。

问：糖厂的甘蔗来源都是哪些？有没有专门的对甘蔗生产进行管理的机构呢？

答：糖厂主要是和本地的蔗农进行合作的，现在乡镇下各村都种有甘蔗，厂里直接和蔗农签订合同，到了砍甘蔗的时候就直接派车辆到村里来收购甘蔗，拉到厂里进行生产。现在很多地方都在发展甘蔗“双高”基地，就是高糖和高产，这也是各个乡镇抓得比较紧的地方，因为在农村毕竟种甘蔗的蔗农还是占很大一部分的，必须重视甘蔗生产工作。我们县县长就有一个宁明县糖业发展办公室，以前叫宁明县糖业发展局，就是专门负责指导蔗农生产的，还负责制作各种宣传板报、各种动态简报，都是为了宣传“双高”的，到各个乡镇、农场去发放“双高”的宣传资料，招人去办“双高”的培训班，培养蔗农。每个乡镇也都有“双高”建设的任务，每个地方都要有自己的宣传标语，各个村委都要制定宣传“双高”的专栏，这些都划分专门的人去做的。

问：请问蔗糖的生产过程是怎么样的呢？

答：首先就是像上面说的那样，蔗农砍甘蔗，厂里派人到各个地方去收购，然后拉到厂里，榨出甘蔗汁，然后就是甘蔗汁的澄清，加入石灰，通过沉淀池，分离甘蔗中的杂质，得到比较清澈的蔗汁，然后再用这些清汁，通过蒸发、煮糖、筛出糖颗粒，这样就得到原糖了。紧接着再次澄清蔗汁，把原糖溶解变成清糖水，这一步的目的是再次分离杂质，最后是把清糖浆通过蒸发、煮糖、分离，得到纯净的白砂糖。我们这个工艺用的是国际上大多数比较流行的“二步制糖法”，主要是原糖，精炼二步。我们现在大部分的糖厂大多采用一步法，比如生产精糖的企业：广西农垦糖业集团柳兴制糖有限公司、广西东亚扶南精制糖有限公司这些。与一步法的比较，二步法制糖即是糖料先用较为简单的工艺，就是石灰法生产原糖粗糖，再回溶提纯后重新结晶生产白砂糖，如要产精制糖，就是纯度更高、色值更低、杂质更少的一种高指标要求的白砂糖，在提净方面需再经过离子交换或骨炭等方面的处理。二步法的主要优点是，经二次澄清去杂，二次结晶提纯，产品质量高，能满足高档消费的需求。精炼糖可以常年生产销售，根据市场情况灵活生产，不存在变质因素的影响，质量好价格高。二步法中由于石灰法制原糖的方法简便，甘蔗生产原汤的过程流程最短，能够在较短的时间内生产出原糖，且由于生产原糖时，甲糖和乙糖都作为原糖的产品，大量减少蒸汽消耗，减少无形损失，因此在同样的制炼设备条件下，生产能力可以提高。二步制糖法的优点就在于过程污染物较少，有利于环境保护，现在政府抓污染排放抓得比较紧，这个比较利于环保，但是缺点就是能耗较大，两次排废蜜，糖分损失高，且生产成本相对来说会增加一些。

问：公司的办厂理念是什么？公司的整体精神、氛围怎么样？

答：我们公司的企业文化主要是“改革创新、关心公益、回报社会、追求卓越、忠诚敬业、真诚信赖”，这些都是上面总公司要求职工们了解的，对于我们而言，我们厂里最主要的还是要对蔗农负责，对工人负责，对县里的人负责，现在大部分村民还是要种植甘蔗的，对于他们而言，糖厂收购甘蔗对于他们来说是非常重要的，如果哪天糖厂不收甘蔗了，可想而知会对蔗农有多大的影响。两个糖厂也是宁明县的支柱型产业，每年在就业以及纳税方面也做出巨大的贡献。还有生态保护，一般来说工厂的污染是一个很严重的问题，我们也在紧抓这个方面，采用新的制作工艺，减少环境污染。

问：公司的发展状况如何呢？又有哪些创新与发展呢？

答：对于我们这种老牌企业来说，现在的发展已经是比较稳定的了，目前要应对的问题最主要还是与蔗农的联系以及招收新鲜血液的问题。2008 年我们开始采用国际上流行的二步制糖法，大大提高了产糖的质量，以前在废水排放方面还是个大问题，在 2013 年公司建设污水末端处理系统，进一步提升了公司节能减排能力，也为宁明当地的生态保护做出了一定的贡献。

问：在新冠疫情期间公司发展有没有受到影响？又是如何应对的呢？

答：影响肯定还是有的，最主要还是担心员工的情绪、安全，以及生产是否会受到影响，还有蔗农方面这些，毕竟停工停产，各方面都会受到很大的影响。我们在疫情防控工作中是始终走在前面的。在疫情防控的关键时期，我们坚决按照宁明县委、县政府的统一部署，迅速制定公司防控预案，成立防控工作机构，组织党员深入生产一线指导疫情防控工作，及时为全体员工发放防护口罩，每天坚持对进入生产区的员工进行测量体温，对生活区及生产区、职工饭堂进行全面消毒杀菌。对外来单位车辆和人员，严格进行登记，一个不漏测量体温并填写访客健康声明卡，坚持每天做到疫情零报告，采取各种强有力措施切实做好各项疫情防控工作。同时，还组织党员职工深入挂点联系村屯宣传疫情防控科普知识，向群众发放疫情防控宣传资料 1 000 多份。也得益于我们县城防控工作做得好，很快就恢复生产了。对于蔗农，公司对于扩种的甘蔗地每亩补助两包肥料，还可免息向蔗农预付肥料，缓解蔗农资金问题，现在“吃干榨尽”的发展糖业循环经济已成为制糖企业的选择，我们公司现在也是利用蔗渣进行生物能发电，并建立了复合肥厂，取得较好经济收益。政府也对新种良种给予补贴，并实行糖料蔗价格指数保险，给予制糖企业和蔗农订单合同目标价格保障。糖价处于高位时，主要赔付给蔗农，提高蔗农的种植积极性；糖价处于低位时，主要赔付给制糖厂，弥补糖价下跌给制糖带来的压力，去年我们公司就获得赔付 100 多万元。尽管去年受到疫情的影响，但是总体来说蔗糖发展还是可以的，2020 年宁明县甘蔗种植面积达 68 万亩，2019/2020 年榨季入厂原料蔗共 262.6 万吨，混合产糖 34.4 万吨，销售原料蔗收入近 13 亿元。

四　总结与思考

经过此次访谈，我了解到了家乡糖厂的发展情况。在新中国成立以前，各乡镇农民就以种植甘蔗、榨糖为业，至 1975 年建厂，再到 1993 年与外资合办，多年以来糖厂已经发展成为宁明县的支柱型产业。现在宁明县的大部分农民仍以种植甘蔗为生，所以糖厂的发展对于宁明县来说仍是至关重要的。

在企业发展方面，近年来也通过更新制作工艺、建立废水排放系统等来提高产品的质量以及更生态环保的发展方式，大大改善了企业的发展前景，同时也通过与蔗农的联系，确保甘蔗的生产与质量，有利于产品质量的提高，同时也注意废渣利用，建立复合化肥厂，进一步利用废蔗渣进行生物能发电，提高原材料的利用率，提高企业的经济效益。

虽然总体来说公司发展十分稳定了，但是也出现了一些问题。例如，访谈里容先生提到的员工问题，现在厂里已经不像从前那样很容易招收到年轻的生产线上的工人了，现在厂里的大多数都是老员工，一定程度上来说还是不利于企业的发展的。这不仅是糖厂里的问题，也是整个宁明县目前各个行业出现的问题，也可见许多乡镇都会出现这样子的问题，多数的年轻人外出打工，高质量的人才也不愿意留在或者回到家乡，这就导致许多行业需要年轻人，需要人才的时候却求之不得。同时，虽然容先生未对工资问题作具体的解释，但是通过我的了解，也能够知晓目前厂里给的薪资待遇相对于许多工厂来说，确实是较低的，这也是吸引不到年轻人的主要原因之一。对于宁明县这种边境小镇来说，本身周边就没有什么大学，也吸引不到什么人才，这就导致企业在创新发展方面受到很大的限制，现在企业内部从管理层到生产线上的工人，也大多是老人，老资历了，很难有什么改革创新的念头。我前年也到厂里参观过，发现一些设备已经比较老旧了，看得出来是许久未更新了。

也许糖厂现在的发展仍算是可观的，毕竟相对来说有多年的经营与底蕴，但是在科技飞速发展的时代，要得到新的发展，就不能只吃老本，要从科技创新方面发展，同时优化建设基础设施，也要想办法解决员工老龄化的问题，不然随着时间的流逝，越来越多的员工退休，厂内的管理与生产都将成为新的问题。新的时代发展面临新的挑战，同时也是发展的机遇，也希望宁明县东亚糖业有限公司能够在原来的基础上更进一步，作为宁明县的带头企业，注重经济效益与社会效益的结合，促进当地的发展。

对东风汽车公司铸造一厂工人的访谈调研

雷铭泽*

一　企业历史沿革与现状简介

1954 年，中央同意由时任湖北省委第一书记的刘西尧任二汽建设筹委会主任，开始着手建设二汽。1957 年 3 月，中央正式宣布二汽下马。

1958 年 6 月，在讨论抗美援朝志愿军回国部队安排时，中央再次提出调一个师到南方建设第二汽车厂，初步选址定在湖南常德。但是，随后的三年困难时期以及中苏关系恶化给中国造成了严重的经济困难，到 1960 年，二汽的第二次筹建工作不了了之。

1964 年，国家的经济形势略有好转，建设二汽第三次提上中央的议事日程。

1965 年 12 月 21 日，报中央批准，中国汽车工业公司决定成立第二汽车厂筹备组。中央对二汽的厂址提出“靠山、分散、隐蔽”的六字方针，要求厂址要靠近大山，关键设备还要进洞。

从 1964 年 10 月直到 1966 年 1 月，二汽选址小组经过反复挑选，最后确定在湖北郧阳地区的十堰。

1966 年 5 月 10 日，国家建委在北京召开会议，会议确定二汽厂址定在鄂西北的郧阳十堰到陕西的旬阳一带。

---

* 雷铭泽，华中师范大学历史文化学院。

1967年4月1日，第二汽车制造厂（1992年更名为东风汽车公司）就在十堰举行了二汽开工典礼。但因为受“文化大革命”的冲击，工厂建设并没有展开。二汽的“官方法定诞生日”确定为1969年9月28日，即开始大规模建设的起始日。东风汽车公司铸造一厂作为二汽建设初期就存在的核心配套铸造厂，有着长达近60年的历史沿革。

东风汽车有限公司商用车铸造一厂座落于十堰市郊，始建于1969年，占地面积32.4万平方米，工业建筑面积12万平方米。铸造一厂是以生产汽车发动机毛坯为主的铸造专业厂，具有年产8万吨合格铸件的能力。铸造一厂采用灰铸铁、铸态球墨铸铁、蠕墨铸铁、冷激铸铁、冷激球墨铸铁等多种材质牌号，生产重、中、轻卡车和轿车发动机铸件以及汽车保安铸件。主要产品有汽缸体、汽缸盖、变速箱壳、曲轴、凸轮轴、进气歧管、排气歧管、制动鼓、摇臂等铸件。主要为东风汽车公司多家、神龙汽车有限公司（DCAC）、美国康明斯公司、东风康明斯公司、上海大众汽车公司（SVW）、东风本田汽车公司（DHAC）等公司配套生产铸件毛坯。铸造一厂现有各类设备1 500余台，主要工艺设备除采用10吨、5吨、3吨无芯工频感应电炉、6吨无芯中频感应电炉、热芯盒射芯机、壳芯机、高压自动造型线、机械手外，还先后从国外引进HWS、GF、DISA2011、DISA2013、IMF等五条现代化自动造型线，以及盖139904鼠笼抛丸机，瑞士QZ3鼠笼抛丸机，LORAMENDI冷芯盒射芯机、KW混砂机、SINTO混砂机等多种先进铸造设备，为生产优质产品提供了可靠的装备保障。铸造一厂还陆续购用BAIRD光电直读光谱仪、LECO红外碳硫分析仪，以及X射线仪，荧光磁粉探伤仪、内窥探伤仪、超声波检测仪、金相显微镜、三座标划线机等多台（套）无损探伤设备和高精度尺寸检具，以不断增强工厂过程控制能力，力求达到出厂产品零缺陷。

二 调研背景与访谈主题

二汽和一汽有着类似的命运，依托其而建、而兴的城市亦有着类似的命运，十堰在湖北而言大略是一个“移民孤岛”，从文化到经济发展态势都与湖北其他地区呈现出显著化的差异。与其说十堰是一个属于湖北的地方城市，不如说十堰在许多方面更像东北地区衰落的重工业城市。

在这样的背景下，所谓的老工厂——仍旧用着八九十年代引进的设备，沿用着旧时期的管理制度的工厂，迎来了新一批的产业工人，在近年来的生产活动中表现出了较高的劳动素质和劳动认知。东风公司总部在 2003 年从十堰迁移至武汉后，工厂经营面临较大困难，但近年来也逐渐走出了生产经营困局，这与一线工人的努力工作是有密切关联的。而笔者之所以选择对该厂工人进行访谈，首先是由于家庭住址较近，其次则是希望能够真正深入生产劳动一线了解具体情况，拓展自身社会认知。访谈内容具体将集中在工人本身对工厂情况、生产情况和组织安排的认知上，由于缺乏具体采访经验与事前安排，访谈会显得较为粗糙，但笔者仍希望能借此还原一线产业工人之具体风貌和劳动认知。

三　访谈部分

访谈时间：2021 年 3 月 12 日

访谈地点：湖北省十堰市张湾区花果路 12 号（中共东风汽车有限公司铸造一厂委员会所在地）

访谈人：雷铭泽

被访谈人：铸造一厂普通工人余田、铸造一厂产线监督兼 GF 线维修班组班长王陶

（一）工人余田

访谈主要内容：实际操作内容与工作感想

问：您好！我了解到随着本地相关政策的变动以及国际市场对重型载重汽车需求的回暖，近期工厂生产活动愈加繁忙，部分产线甚至出现工人三班倒，产能却依旧跟不上需求指标的情况，请问您能直观说明当前劳动的实际情况与感想吗？

答：你好！很荣幸接受你的采访。其实我作为一名普工，很难说有多么高的见识和认识，对整体生产情况和需求情况并没有准确的把握，关于这

点，你应该去具体询问上层领导（笑），我无法就具体数据给出答案。但正如你所说的，工厂近期的生产排班的确趋于饱和，去年疫情期间，由于订单缺乏，整个工厂还有我所在的生产班组在一段较长时间内都处于持续空转状态，用通俗的话说，也就是无班可上，每个月能得到的薪水也就是基本工资，极为有限，没有绩效和生产奖金。因此最近几个月随着实际到手工资的提高，我也能切实感受到厂里的生产情况确实是变忙了。

问：能具体描述一下换班的具体流程和需要履行的手续吗？您认为这些手续是否会影响到生产本身？

答：这个月我的排班基本集中在日间，也就是所谓的“白班”，从早上 7 点到下午 5 点，中间有两个小时的午休时间。具体的交接班流程实际上并不复杂，我需要在六点五十分到达班组活动室等待前一夜“夜班”员工到活动室填下工作日志（拿出工作日志并摊开，每页内容均为：无特殊情况）并署上自己姓名之后交由我翻页为下一页工作日志写好今日负责人（本人）等栏目，然后持证上工位，在某些特殊情况下需要向班长报到，不过更多情况下其实并没有履行完整的手续流程，同事们大多是在三班结束后统一填写工作日志的（笑）。所以说，即便要谈到这些手续是否会拖慢效率，影响到生产本身，我的答案是：不会。首先，即便正常履行，所消耗的时间也就数十秒。其次，对于当日当值班次产线情况和工作情况的基本记录是对整个产线正常运行有益的，下一当值者能很快发现问题并交由维修班组解决，因此该制度不仅没有拖慢生产效率，反而提高了生产效率和工作连续性。

问：工作中具体有哪些困难，以及有哪些您认为不合理的地方？

答：那困难真的太多了，不合理的地方也很多。你也知道，本厂属于老厂了，很多产线上的机器都是八九十年代从德国和瑞士引进的，可能放在十年前还属于比较先进的，在和同行业其他工厂的比较中还能占有一些优势，现在则是属于能用一天是一天了。你看很多维修的师傅也上了岁数，他们中的很多人可能这一辈子也就只跟这一台机器打过交道，让他们换一台设备去维修属于基本不可能的事，机器和人之间形成了一种绑定关系。机器虽然老，但我们依然得用，老师傅们虽然有一手技术绝活，但也是受困于时代所限，没法扩展应用到其他设备上去，于是就出现了我们想用新设备，但厂里要考虑老师傅情绪以及老设备依然能产生价值这些因素，我们也很无奈，这就是最大的困难。其次，你刚问到不合理的地方，我就选一个说吧，我认为最不合理的地方就是生产指标设定过高了，比如此前一个月可以生产 100 件产品，满足了领导的要求，领导会进一步希望下个月可以生产 120 件，然而生产 100 件已经是机器和人工不间断的极限产量了，想要产量突破除非改进工艺或者引进新设备，但说实话厂里缺少能改进工艺的工程师，引进新设备则会面临刚才提到的很多问题，因此这些指标根本就是不可能实现的。但是如果不能完成指标，我们就会面临工资减少的情况，这是我最不能理解和认为最不合理的地方。

问：那针对这些问题有没有什么自己的意见呢？

答：没有，就算有意见，我说的也不算数啊。（笑）

（二）维修班组班长王陶

访谈主要内容：生产问题、班组日常管理问题、工作价值认知问题

问：班长您好！我了解到您接手这个班组的日常管理工作已经有两年了，想必对相关具体问题已经有了较为清晰明确的认识。我想请您谈谈作为一个基层管理者，您认为厂里的现行维修生产过程存在什么问题？

答：关于这点，其实能谈的东西并不多。我首先先向你介绍一下现在的维修班组构成吧。维修方面的人员配置要看具体的分管设备和人员架构，人员架构指的是老带新，新老混合，不能出现一个机器的负责组全都是新人，也不能全是老人，这样会出现效率失衡，乃至影响生产大局，而且对人员的具体分配要考虑工厂每段生产计划的侧重点，比如当前生产重心要围绕自动线来进行，则我在调配人员的时候，会把技能较为优秀的人员派去分管自动线相关设备和外围维护，与此同时对更外围的设备则交给新人以及技术并不那么熟练的老师傅去处理，反过来也是一样的道理。对于自动线的维修班组内的人员安排也有讲究和门道，这是由自动线的自身性质决定的，这要求我在选调人员时要坚持钳工为主电工为辅的策略，确保生产线顺利运行。其实归根到底也就是一句话：具体人员配置需要根据具体事情来决定。每个生产班组和维修班组的人员数量实际上是一定的，但彼此之间存在借调和流动的

现象，这在近年随着大批老员工的退休而显得更加频繁了，我相信在不久以后应该会有常态化的章程和制度来规范这一点。

问：您了解整个工厂的工人人员组成结构和职能吗？

答：几年前在入职培训上有接受过相关培训，但具体数字已经不记得了。但我大概有个印象，整个车间大概有54个班组，一千多个职工，至于具体职能，我并不了解。

问：您所在的生产班组负责生产的主要产品是什么？您所在的维修班组负责维修的机器主要是哪一款？

答：我现在这个兼职实际上是因为前任的维修班组班长退休了，却没有新人来接班，厂里才决定安排我暂时兼职的，因此可能我的叙述会有一些不准确。但就生产而言，我可以明确告知，我们全车间的产品都是“毛坯件”，也就是还未精加工和塑形的组装零件，而具体到本班组，则具体负责生产刹车盘、排气管、缸盖等基础产品，在产品生产完毕后交付运输部门运往隔壁厂进行深度加工。我认为这应该都是所谓的基本产品、上游产品，不怎么值钱的。维修班组负责维修的机器正如你所了解的那样，就是那台GF线，作为全厂在90年代最后引进的一条生产线，领导和厂内都对这条线格外重视，因此配给我的钳工都是厂内最好的，我基本不怎么需要操心。

问：您认为在您的日常管理中存在哪些问题？

答：首先是人员构成问题。现在最首要的问题是电工紧缺。刚才也提到了，由于厂子是六七十年代建的，很多当时进厂的老师傅在最近已经陆续退休了，现在在人才方面出现了青黄不接的问题。这并不是说就完全没有新人进来，只能说是一种时代的悲哀吧（笑）。十几年前老师傅们正是炉火纯青的时候，上级用得很舒服，下面也没觉得有什么不对劲，那个时候并没有太多招入新人，以至于现在面临退休潮显得准备不足。近年来新招的电工的主体肯定都是年轻人，但大多数仍旧处于培养阶段，缺乏过硬的劳动技能，在执行具体操作时有时候还需要老师傅来亲自演示指导，这极大地影响了日常管理和生产效率。

其次是领导要求问题。这点刚才也提到过，领导总是希望执行者能把事情办得更好，这是可以理解的。但现实是，我和工人们都认为对设备的维护水平符合工厂具体标准，也符合开工所需。但每当领导检查或完成一阶段生产任务需要维护时，领导都会提出更高要求。这些要求在现有条件下几乎无法达到。领导的要求和下面的实际执行能力之间是有差距的。

最后就是自动化程度不高，技术支持达不到要求的问题。这实际上也是所有老厂所面临的共同问题，投资者或者国家并不愿意给你进一步注资来更新设备，提高自动化水平，他们更喜欢用钱去建更现代化的新厂而不是更新老厂。这就形成了恶性循环，旧设备无法创造出足够的利润，导致实际上这些从外国引进的设备都缺乏来自源头国家的技术支持，每次出现重大问题往往要耗费巨大代价从源头国家请人来解决，这实际上也是工人能力没能得到完全发展的后果。要概括一下的话就是，经济和技术投资都很缺乏，无法引进新设备，产能没法进一步扩大，只能日渐衰落。

问：对工人的请假一般都怎么处理呢？

答：这个问题有点……（笑）我就简单说说，其实只要不对具体生产安排产生影响的情况下请假基本上是不受限制的。如果面临一个班组同时请假的情况，则必须向上级申请协调，这种情况确实存在，但绝对数量并不会很多。在对工人具体的请假理由方面，我也不会去苛刻到具体核实，这首先是对个人隐私的不尊重，其次则会对我和工人之间的关系产生影响，造成疏离感，这对我的工作是不利的。

四　总结与思考

对于建立于计划经济时代的旧工厂而言，最难解决的事并非债务，而是效率和计划之间的矛盾与冲突。新的时代要求更高的效率和生产效能，这都意味着需要新的投资，新的血液，新的人才，计划时代的旧工厂本质是一个地区的物质核心——围绕旧工厂建立起来的社会运行机制，包括附属的医院、学校、酒店、运动场、电影院，即便进入了新的时代，经历了债转股，经历了国企改制，经历了拆分、运行市场化，它们的核心依然没有变，毕竟，在这些单位、工厂工作生活的人依旧是那一批人，且不随企业经营模式的改变而改变，不随企业盈亏的具体改变而改变，这些人是依附在计划之上的，没有人能够剔除他们，更没有人能剔除那个时代给当下留下的深深烙印。在采访的过程中，无论是工人余师傅还是班长王师傅，都不约而同地提到过机器与人形成绑定的问题，这实际上是一个老大难的问题。对于老师傅们个体而言，让他们离开年轻时代赖以生存、发展的工厂，离开自己熟悉到不能再熟悉的技术岗位，剥夺他们依赖自身对单一机器建立起的技术专长来吃饭的权利，是既不道德也不经济的；然而，这与效率的提升构成了显著矛盾，老人们往往是较为保守的，新来的更高水平的自动化设备威胁着他们的饭碗，他们当然是不会同意的。地方政府需要考虑就业，考虑工厂“大而不能倒”的社会现实，也会使其至少停留在半死不活的水平以维持社会基本就业——多方面的因素往往掣肘着这些老工厂通往现代化的步伐，这样的问题要怎样最终得到解决，我认为唯一的解法，有且只能是时间。此外，这次调研采访对我震动最大的，仍然是一线工人身上所体现出的高度自觉性和优良素质，工人的确是先进的、革命的阶级。他们有自己完整的世界观，完整的思考模式，强大的行动能力，这便意味着组织度，这便意味着大众启蒙。然而这些景象，不深入一线，在象牙塔里几乎是无从了解和看到的。因此，本次访谈调研于我而言并不仅仅只是一份作业，更是一次对社会的深入认知，也是为自己的世界观拼图再添一角。

工业和信息化部工业文化发展中心
2019年重点工作简述

工业和信息化部工业文化发展中心

2019年度，在部党组的正确领导下，在部相关司局的指导支持下，工业文化发展中心始终坚持以习近平新时代中国特色社会主义思想为指引，紧密围绕制造强国和网络强国建设，以发展工业文化和提高工业软实力为主线，进一步夯实基础、强化支撑，积极打造形象、聚集力量，大力促进产业发展，不断提升发展能力，工业文化各项工作取得明显的工作成效。

一　不断完善理论体系

2019年以来，为深入推进工业文化理论体系建设，在部产业政策司的指导下，开展“工业文化促进城市转型升级路径研究”重点研究课题；充分发挥高等院校在基础研究领域的优势，分别与北京大学合作开展“一带一路中国工业形象传播六个一工程”专题研究，与北京科技大学合作开展“工业文化与传统文化关系及核心价值理念塑造研究”，与北京工业大学合作开展工业哲学和工业伦理研究等研究课题，取得了阶段性成果。

二　加快整合社会资源

一是支撑我部与清华大学合作共建清华大学工业文化研究院（2019年

10月正式成立)；二是在充分发挥已有共建研究机构作用的基础上，举办2019年工业文化研究机构工作会。与北京语言大学共建工业文化国际交流传播中心，贯彻落实国家“一带一路”倡议，合作筹划工业文化外文版书籍的翻译、出版，加快“工业文化”走出去；分别与南京理工大学、南开大学成立了工业文化研究中心；推动与北京工业大学、南京理工大学、南京邮电大学、南京航空航天大学、湖南工业大学等院校的合作共建事宜；三是扎实做好中国工业文化发展研究会筹建工作。筹划设立深圳分中心。

三　对部支撑不断深入

在业务司局的指导下，2019年，修订了《国家工业遗产认定评审工作细则》，按照文件要求有序推进第三批国家工业遗产认定相关工作。在国家工业遗产保护利用现场会及地方有关研讨会议上开展主题培训。根据部领导指示要求，策划工业遗产网上博物馆；认真梳理工业博物馆、工业旅游政策简报，进一步摸清行业发展现状，稳步推进工业博物馆、工业旅游体系建设。协助起草大运河文化和旅游融合发展规划框架提纲草案。落实中办、国办《关于加强和改进新时代产业工人队伍思想政治工作的意见》精神和部领导的批示，结合工业文化重点工作，研究提出有关任务分工的具体措施；梳理工业文化有关的人大代表建议和政协委员提案，支撑相关司局拟写答复参考材料共计10余件；积极参与部“工信智库”平台栏目建设。

四　大力建设工业文化产业联盟

在部产业政策司的指导下，成立了工业旅游联盟。同时，依托工业遗产联盟、工业博物馆联盟和工艺美术产业创新发展联盟等中心牵头发起的联盟组织，以“服务企业、规范行业、创新发展”为宗旨，坚持“资源共享、优势互补、平等互利、共同发展”的原则，广泛联合产业链上下游，加快产业转型发展，推动工业文化业态发展。

五　提升工业文化影响力

一是不断拓展推广渠道。坚持主动发声、加强引导，推进与新华社新媒体中心、人民网、中央广播电视总台国际在线、凤凰卫视的战略合作。二是传播工业文化知识。编写《工业企业品牌文化建设》。编撰《工艺美术白皮书》《设计产业白皮书》，以及《工业遗产研究参考》《电子政务与政务公开研究参考》《工业通信业财经动态》等工业文化专业刊物。三是丰富推广载体。成功举办“首届职业院校工业文化节”、工业文学沙龙等各类活动。策划组织《中国工业记忆》《中国制造之起飞》等工业题材影视作品创作。四是打造工业文化品牌活动。成功举办第四届中国工业文化高峰论坛，十余位政产学研等各界代表围绕“培根铸魂 传承创新”主题作专题演讲。

六　实施与申报重大资金项目

一是有序推进国家资金项目。圆满完成了 2018 年国家艺术基金项目《国家工业遗产影像志》摄影展，北京站、深圳站、唐山站、景德镇站、平遥站、郑州站等五站展出，第七站将在本溪展出；圆满完成 2018 年国家艺术基金项目《伊犁中国—亚欧经济示范区 2018 中蒙俄格“丝路瓷魂”当代艺术巡回展》格鲁吉亚站巡展；做好国家文化产业发展专项资金项目工艺美术创新远程教育培训平台的委托工作，继续完成工艺美术行业专家课程录制，不断完善平台服务功能，推进项目验收准备工作；推动“六个一”工程项目实施，围绕核心内容开展了一系列调研推广活动。

二是积极申报国家资金项目。《中国遗失海外工艺品（未展陈）数字博物馆成果国内巡展》成功申报 2019 年国家艺术基金项目，并赴英国剑桥大学开展调研。协助南京大学申报《千年岩话——东北亚草原丝绸之路岩画艺术比较文化巡展》2020 年国家艺术基金项目。协助北京理工大学申报《西部地区女性传统染织高级创新人才培养》2020 年国家艺术基金项目。

工业和信息化部工业文化发展中心 2020年重点工作简述

工业和信息化部工业文化发展中心

2020年度，在部党组的正确领导下，在部相关司局的指导支持下，工业文化发展中心坚持以习近平新时代中国特色社会主义思想为指导，深入贯彻落实中央和上级决策部署，克难奋进、主动作为，统筹推进疫情防控与业务发展，进一步推动战略定位与目标任务落地落实，努力探索改革发展新思路、新举措，保持了中心持续健康发展的良好态势。

一　持续推进理论研究

广泛联合社会力量，持续加强协同研究，深化工业文化研究领域。研究完成重点课题《工业文化促进城市转型升级路径研究》。《中国工业掠影》进入出版阶段。《工业哲学》《工业伦理》《工业美学》等课题取得阶段性成果。启动《人类技术发展与文化演进研究》课题。编写《工业企业品牌文化建设》专著。研究发布《工艺美术产业白皮书（2020）》《2020中国设计产业发展报告》。受中国工业经济联合会委托编撰《中国工业史·工业遗产篇》。协调推进清华大学工业文化研究院年度重点工作。

二　进一步强化对部支撑

在业务司局的指导下，研究起草《推进工业文化发展实施方案》及配套文件材料。形成《关于落实加强和改进产业工人队伍建设有关工作的汇报》《关于深化术人才职称制度改革的指导意见》(征求意见稿)。就《推动老工业城市工业遗产保护利用实施方案(征求意见稿)》等文件研提意见,部分已被采纳。配合完成第四批国家工业遗产认定工作,名单正在公示。开展工业遗产活化利用专项调研。完善工业文化遗产微信平台建设,发布 78 篇文章,浏览量合计 3 万余次。扎实推进中央文明委 2020 年“工业博物馆体系建设与开发利用工程”重点工作项目。参与部“工信智库”平台栏目建设,更新工业文化有关信息。

三 积极搭建工业文化产业服务平台

一是完善全国工业博物馆联盟建设体系。草拟星级评定标准并在联盟内部开展试评工作。开展全国工业博物馆联盟论文征集活动,遴选出 27 篇论文初步形成论文集。发起首届“工业游礼”文创设计产品征选暨“青啤礼物”设计挑战赛,激发工业文化产业发展新活力。

二是推动全国工业旅游联盟建设。联系、推荐会员,2020 年中心推荐会员 20 余位,目前联盟拥有会员 193 位。搭建“工业旅游联盟平台”微信平台,宣传推广工业旅游,2020 年累计发稿 100 余篇。筹备全国工业旅游联盟第二次常务理事会,2020 年工业旅游创新发展论坛暨全国工业旅游联盟会员大会,会议分别于 2020 年 11 月 19 日和 20 日在四川省自贡市召开。

三是成立全国文体康旅装备联盟。吸纳理事单位和会员单位,制定分支机构和分委会相关管理办法,推进办事处在上海、柳州和河南等地的落地,提升联盟在全国的影响力和号召力。举办文体康旅装备线上展览和论坛。筹办冰雪装备分委会,组织冰雪装备行业调研和企业座谈会,支持 2022 年北京冬奥会发展。

四 积极开展工业文化研学

修改完善《工业文化研学实践教育基地(中小学生)评估试行标准》,

制定完善《工业文化研学实践教育基地（中小学生）评估试行办法》《工业文化研学实践教育基地（中小学生）评估打分细则》，起草并推动发布《关于开展工业文化研学实践教育基地（中小学生）评估活动的通告》，启动工业文化研学实践教育基地评估和相关咨询服务工作。与参与标准制定的亲子猫（北京）国际教育科技有限公司、武汉学知研学旅行服务有限公司、山东众乐教育科技有限公司建立战略合作关系，共同推动相关工作。

五　倾力打造工业文化品牌活动

启动“博物馆故事”文艺作品征集大赛，回应社会工业博物馆热的新期待。打造“艺术走进新工业时代”工业写生品牌，组织艺术家赴企业开展实地写生活动。举办2020“大美工韵”工业绘画作品线上邀请展、第四届深圳“琵鹭杯”公共艺术精英赛等工业艺术活动。

六　加大传播与交流

紧密围绕工业文化发展全局，开拓创新思路，丰富载体形式，进一步普及工业文化理念。与北京语言大学合作推进《工业文化》专著四种语言外文版翻译工作，与凤凰卫视合作构建MCN矩阵宣传工业文化。举办“工业之美短视频”大赛。3集纪录片《工业铸魂》在中国教育电视台成功播出。与陕西文化产业（影视）投资有限公司联合拍摄大型电视连续剧《中国制造》顺利开机。做好2019年中央精神文明委重点工作项目——第二届中国工业文学作品大赛成果转化，策划筹备第三届大赛。

2019—2020 年华中师范大学中国工业文化研究中心发展综述

陈文佳[①]

2019 年是华中师范大学中国工业文化研究中心（简称中心）成立的第三年，也是华中师范大学与工信部工业文化发展中心合作共建研究机构第一轮周期的收尾之年。一方面，本年度中心继续其常规研究工作，取得了一系列成果；另一方面，中心在国际合作、推动工业文化研学、参与国家政策制定等方面，迈出了实质性的步伐。然而，2020 年史无前例的新冠肺炎疫情打乱了中心的发展节奏。地处武汉的特殊性，导致中心人才流失，诸多规划搁浅。但是，在各方的大力支持下，在同人的不懈努力下，中心依然向前发展，为中国工业文化事业做出了自己的贡献。由于刊物出版的进度与节奏受到新冠疫情干扰，兹对 2019—2020 年中心的发展统一介绍。

一 中心举办《战争与工业》新书校内发布会

2018 年，华中师范大学中国工业文化研究中心副主任严鹏的专著《战争与工业：抗日战争时期中国装备制造业的演化》由浙江大学出版社出版。该书作为启真学术文库的一种，描述了抗日战争时期中国装备制造业的演化过程，从理论角度分析了战争对于工业发展的影响，认为后发展国家可以通过政策手段模拟战争为幼稚工业发展创造的有利供需条件，诱导本国工业结

① 陈文佳，华中师范大学中国工业文化研究中心。

构的高阶化发展。

2019 年 1 月 16 日上午，在华中师范大学社科处、历史文化学院、中国近代史研究所的大力支持下，中心举办了《战争与工业》新书校内发布会。出席发布会的有华中师范大学社科处刘中兴副处长，亚太研究院滨下武志教授，历史文化学院魏文享、彭剑、许刚、陈冬冬、王龙飞、谭娟等老师，历史文化学院付海晏副院长主持了发布会。对相关议题感兴趣的硕博士研究生积极参与了发布会。

在发布会上，严鹏副主任介绍了新书的主要内容及研究与出版历程。介绍结束后，与会师生进行了热烈讨论。滨下武志教授指出，对战争与东亚经济的研究值得重视，要考虑战前、战时与战后经济发展的特点，要重视研究冷战影响下的东亚工业化。谭娟老师与严鹏副主任就伪满企业对中国东北以及日本本土的经济影响进行了讨论。彭剑副教授指出此类跨专业方向的交流大有益处。刘中兴副处长表示，社科处今后会大力支持这类学术交流活动。

会后，中心对部分参会同学进行了赠书。

2020 年，《战争与工业：抗日战争时期中国装备制造业的演化》获得湖北省社会科学优秀成果奖一等奖。

二　2019 年全国工业文化研究机构年会在华中师范大学召开

2019 年 4 月 13 日，2019 年全国工业文化研究机构年会在华中师范大学召开，工信部工业文化发展中心与华中师范大学、长春理工大学、西北工业大学、南京理工大学、上海交通大学、太原理工大学、南京航空航天大学、成都工业职业技术学院等设有工业文化研究机构的院校代表参加了会议。

工信部工业文化发展中心副主任孙星首先介绍了工业文化发展中心最近取得的成绩，以及近期的研究与发展计划。作为年会轮值机构代表，华中师范大学副校长、中国工业文化研究中心主任彭南生介绍了该中心近期的研究进展，包括依托国家重大攻关项目进行的手工业史与工匠精神研究，与学知修远等机构合作为武汉市红钢城小学打造的工业文化校本课程，以工业文化专题研究为特点的《工业文化通识丛书》，总结各层次工业文化教学经验撰写的《工业文化基础》等。

会上，与会代表介绍了各自机构的工作进展。在孙星副主任的主持下，与会代表就工业文化研究论文征集与发表、工业文化教材编写、全国工业文化研究会筹建等问题进行了讨论，对某些具体问题达成了共识并准备在接下来的工作中推动。

图 1　中心主任彭南生教授发言

三　“国家工业遗产影像志”摄影展首展在京召开

2019 年 4 月 18 日，由国家艺术基金支持，工信部工业文化发展中心指导，北京三达经济技术合作开发中心主办的“国家工业遗产影像志”摄影展在北京中华世纪坛举行了开幕仪式。

自 2017 年以来，工信部连续开展两批国家工业遗产认定工作，发布 53 项国家工业遗产名单。《国家工业遗产影像志》摄影展旨在弘扬工业文化，传播工业精神。展览以文献性、学术性、艺术性为标准，从国家工业遗产项目单位征集的 669 幅摄影作品中甄选出 60 幅照片进行展出，生动、立体地展现工业遗产的历史人文价值和艺术审美价值。

华中师范大学中国工业文化研究中心自成立以来，就一直参与国家工业遗产的研究与认定工作。中心副主任严鹏于18日下午参加了“国家工业遗产影像志”摄影展研讨会，在会上提出，应利用摄影等手段，充分挖掘工业的美，将工业与艺术结合起来，通过工业之美吸引公众关注与接受工业遗产等工业文化，从而既实现工业遗产的美学价值与教育功能，又促进对工业遗产的保护。

摄影展首展持续到4月24日，后在景德镇、深圳、本溪、平遥等地巡展。

四　中心人员参加《中国工业史》编撰工作会议

2019年4月18日，《中国工业史》编撰工作会议在京召开。中国工业经济联合会领导、国家有关部委司局领导、中国历史研究院领导等有关领导与行业专家、院校专家参与了会议。华中师范大学中国工业文化研究中心主任彭南生、副主任严鹏，华中师范大学中国近代史研究所特聘教授虞和平、朱荫贵，共同作为审定专家应邀参会。

中国工业经济联合会会长李毅中在会上发表了重要讲话。华中师范大学副校长、中国工业文化研究中心主任彭南生教授作为专家代表之一，上台领取了审定专家证书。

五　第四届中国工业文化高峰论坛在京举办

2019年4月19日，第四届中国工业文化高峰论坛在北京成功举行。本次论坛由工业和信息化部指导，工业和信息化部工业文化发展中心主办，中国航空工业文化中心、中国企业联合会企业文化建设委员会、教育部职业院校文化素质教育指导委员会协办，以“培根铸魂 传承创新”作为主题，探讨工业文化发展的新特点和新趋势，彰显中国工业精神的时代价值，助力制造强国建设。

工业和信息化部党组成员、副部长王江平在致辞中指出，纵观近现代制造强国发展史，工业文化对工业化进程和产业变革具有基础性、长期性、关键性的影响。实施制造强国战略，不仅需要技术发展的推动，也需要工业文化的支撑。

国家档案局副局长、中央档案馆副馆长付华，中国航空工业集团有限公司党组副书记、董事李本正，中国企业联合会、中国企业家协会常务副会长兼理事长朱宏任，工业和信息化部产业政策司司长许科敏，中国文联理论研究室原主任、中国电影家协会分党组副书记、中国台港电影研究会会长、中国工业文学作品大赛评委会副主任许柏林，工业和信息化部工业文化发展中心副主任孙星，中国工程院院士、神舟号飞船首任总设计师戚发轫，中国航空工业集团有限公司科技委顾问、原航空工业第一集团公司科技部部长张聚恩等各界嘉宾，围绕论坛主题分别作了主题发言与报告。工业和信息化部工业文化发展中心主任罗民主持会议。

论坛同期举行了弘扬中国工业精神、全国职业院校工业文化发展、工业遗产保护利用等三场平行分论坛。

华中师范大学中国工业文化研究中心副主任严鹏参加了论坛。

六　田岛俊雄教授在工业文化讲座演讲

2019 年 5 月 20 日，华中师范大学中国工业文化研究中心举办第一期工业文化讲座，由日本东京大学名誉教授田岛俊雄演讲《中国和日本的长期工业发展——以汽车业和水泥业为主》，中心副主任严鹏主持了讲座，华中师范大学中国近代史研究所兼职教授朱荫贵、李培德等出席讲座。

田岛俊雄教授长期研究中观层面的行业经济，率领团队对东亚的电力、化工、水泥、钢铁等产业展开过长期性的比较研究，也与中国学者开展过深入合作。在讲座中，田岛俊雄教授介绍了研究中国农用车产业的心得，指出农用车产业较少被学者关注，但中国的农用车企业呈现出与日本相似的发展道路，部分企业在国际市场上与日韩等国企业展开了激烈的竞争。同时，中国的水泥工业的产能变化也呈现出与东亚国家或地区相近的特点。

华中师范大学中国工业文化研究中心将长期开设工业文化讲座，计划陆续邀请知名学者、企业家、杰出工人、产业管理者等进行演讲，切实落实工业文化进校园政策。

七　全国工业旅游联盟在沪成立

2019 年 7 月 9 日，全国工业旅游联盟成立大会在上海举行，来自联盟 100 余家会员单位，部分地区政府及工信、文旅等主管部门，数家媒体代表出席了会议，共同见证了联盟的成立。工业和信息化部工业文化发展中心主任罗民和上海市经济和信息化委员会副调研员赵广君分别致辞。会议选举工业和信息化部产业政策司原巡视员辛仁周为联盟理事长，上海工业旅游促进中心理事长鲍炳新为首届常务副理事长，并选举产生 13 家副理事长单位。华中师范大学中国工业文化研究中心副主任严鹏出席了成立仪式，中心正式成为联盟会员单位。

工业旅游在中国是一种尚待发展完善的旅游方式。华中师范大学于 2014 年在全国高校首先开设“工业文化与工业旅游”课程，从工业文化的角度研究与解析工业旅游，中国工业文化研究中心刊物《工业文化研究》也设有“工业旅游”等固定专栏。华中师范大学中国工业文化研究中心将以加入全国工业旅游联盟为契机，继续推动中国的工业旅游研究及相关事业的实践。

八　武汉市青山区红钢城小学工业文化研学主题课程研讨会召开

2019 年 9 月 26 日上午，武汉市青山区红钢城小学召开了“传承工业文化 弘扬工业精神——武汉市青山区红钢城小学·武汉学知修远工业文化研学主题课程建设研讨会”，工信部工业文化发展中心孙星副主任、华中师范大学中国工业文化研究中心严鹏副主任、湖北新民教育研究院祝胜华院长、武汉市青山区教育局相关领导及红钢城小学部分教师参加了研讨会。

武汉市青山区因武钢的建设而成为新中国的工业重镇，拥有“红房子”等一批工业遗产，工业文化底蕴深厚。红钢城小学利用青山区工业文化的资源优势，早就开发过《“红房子”德育实践课程》等具有工业文化元素的校本课程。2018年以来，在华中师范大学中国工业文化研究中心的指导下，红钢城小学与武汉学知修远团队合作，开发了工业文化研学主题课程，该课程在国内小学工业文化主题课程中系首创。

在研讨会上，红钢城小学介绍了课程开发背景、主要内容及前期实施情况，部分师生进行了生动的课程展示，博得了与会专家的好评。孙星副主任指出，红钢城小学的课程展示了工业文化研学的作用和意义，并进而对工业文化研学课程建设提出了4点要求：（一）要让孩子们知道工业是伟大的，激发孩子们对工业的兴趣；（二）要让孩子们认识到干工业是需要有精神的，要传播社会主义先进文化；（三）要灌输工业伦理，进行道德品质教育；（四）要传播工业美学，在研学中落实美育教育。祝胜华院长指出，红钢城小学的课程利用了青山区宝贵的乡土文化资源，是工业文化精神与研学实践课程的紧密结合。严鹏副主任认为，红钢城小学的课程具有典型性和示范性，为工业遗产的保护与利用注入了人文性，使工业遗产的文化价值得到了真正的体现，下一步应进一步完善，使课程具有更大范围的可推广性。其他专家也纷纷发言，进行了热烈的讨论。

九　中心与日本方面开展工业文化事业合作

日本是全球顶尖的工业强国，积累了深厚的工业文化，值得学习与借鉴。2019年，华中师范大学中国工业文化研究中心与日本有关方面就工业文化事业合作事宜进行了会谈，取得了实质性成果。

2019年8月7—11日，中心成员赴日，调研了富冈制丝厂、丰田产业技术纪念馆、月桂冠大仓纪念馆等工业遗产，并与相关负责人进行了会谈。富冈制丝厂是日本的国宝级工业遗产，也是东亚目前仅有的两处以工业遗产为内容的世界遗产之一，中心副主任严鹏与富冈制丝厂研究所所长结城雅则进行了深入交流，双方议定每年互相交换研究刊物，定期交流研究资料，举办研讨会，并撰写与翻译相关论文发表。在其他几处工业遗产，中心成员受到相关负责人接待，双方就工业遗产保护与利用交流、赴日工业研学等事宜进行了会谈，日本方面表示将为中心赴日开展调研等工作提供便利。

图 2　中心副主任严鹏与富冈制丝厂研究所所长结城雅则合影

2019 年 10 月 21 日下午，华中师范大学中国近代史研究所举行了与日本涩泽荣一纪念财团执行董事井上润的会谈，华中师范大学副校长、中国工业文化研究中心主任彭南生致欢迎辞，华中师范大学中国近代史研究所所长马敏介绍了相关情况。涩泽荣一是近代日本工业化的推手，被誉为“日本资本主义之父”，是日本工业文化的代表性人物之一。华中师范大学是中国近代企业家、商会、博览会等研究重镇，涩泽荣一纪念财团看重该校雄厚的研究实力，于 2006 年与该校开展合作，成立了涩泽荣一研究中心。此次井上润执行董事来汉，商讨了双方在新时代进一步深化合作的相关事宜。中国工业文化研究中心副主任严鹏在座谈会上介绍了中心从工业文化角度对涩泽荣一展开的研究，并介绍了与涩泽荣一参与创办的富冈制丝厂的合作情况，井上润执行董事对中心的研究工作很感兴趣，并承诺将协助中心拓展与日本工业遗产单位的联系，提供相关资料，为中心赴日调研与研学研究等提供便利。座谈会还达成了其他广泛的合作协议。

十　在芜湖召开企业家精神与工业文化遗产研讨会

2019 年 11 月 28 日上午，由华中师范大学中国近代史研究所主办、安徽师范大学历史与社会学院承办的“企业家精神与工业文化遗产：章氏家族与近代中国实业”研讨会在芜湖中央城大酒店举行，华中师范大学中国工业文化研究中心负责会议的实际组织工作。

华中师范大学老校长、著名历史学家章开沅教授的先辈清末曾在安徽芜湖创办机器面粉厂，开芜湖现代工业之先河，并留下了大砻坊工业遗址。此次会议，邀请到了章氏家族成员代表出席。

会议由华中师范大学历史文化学院付海晏副院长主持。工信部工业文化发展中心孙星副主任作了关于工业遗产的主题发言，介绍了工信部开展的工业遗产保护与利用工作的情况，提出应充分发挥工业遗产的多元价值。华中师范大学中国工业文化研究中心严鹏副主任从工业文化遗产承载企业家精神的角度，对工业文化的传承作了主题发言。马钢集团代表朱青山讲述了马鞍山矿山的开发史与近年来企业转型和生态环境修复。

会议还举行了赠书仪式，向与会代表赠送了《章维藩函札手稿汇编》。复旦大学朱荫贵教授、南京大学李玉教授等应邀参会并发言。华中师范大学中国近代史研究所马敏所长作了会议总结发言，指出工业文化遗产与企业家精神仍值得深入研究。

会后，与会代表赴大砻坊工业遗址进行了实地考察。

图 3　芜湖会议与会代表合影

十一　中国（泉州）创新工匠暨“一带一路”产业发展高峰论坛

2019 年 12 月 28 日，由福建省工业和信息化厅、晋江市人民政府指导，中国工业报社主办的中国（泉州）创新工匠暨“一带一路”产业发展高峰论坛在福建省泉州市召开，华中师范大学中国工业文化研究中心严鹏副主任应邀出席了论坛。

福建省工业和信息化厅二级巡视员余须东在致辞中强调，要响应国家“一带一路”倡议，认真践行新发展理念，强化创新引领，大力弘扬工匠精神，期盼各位嘉宾多提宝贵意见，为福建省培育创新工匠、增强创新能力点拨把脉，帮助福建加快推进制造业高质量发展。第十届全国政协委员、中华全国总工会书记处原书记纪明波出席并发表《“一带一路”建设背景下要加强创新工匠人才培育》主旨演讲。

严鹏副主任做了《产学研提速中国工业经济发展》主题报告，从制造业的本质和知识类型出发，分析了产学研结合对于工业经济发展的意义，指出从历史经验和现实需求看，产学研的有效结合是中国工业赶超发达国家的必由路径，也是中国工业经济高质量发展的重要措施。严鹏指出，通过调研发现，晋江的部分企业在产学研结合方面已经取得了不错的成绩，推动传统制造业转型升级。他呼吁通过举办高峰论坛等形式，进一步深化产学研结合。

论坛表彰了“中国创新工匠全国优秀企业”“海丝‘一带一路’优秀企业”以及建国70周年中国工业影响力70企业、70品牌、70人物，并举行了“海丝‘一带一路’产业发展促进联盟”启动仪式。

十二　中心与青岛实验初级中学开展工业文化教育合作

2020年1月9日，山东省青岛实验初级中学与华中师范大学中国工业文化研究中心举行了“工业文化教育基地”签约仪式。出席签约仪式的有：华中师范大学中国工业文化研究中心副主任严鹏、山东省青岛市教科院初中历史教研员陆安、山东省青岛实验初级中学孙晓东校长、侯芸书记、安扬副校长、陈思副校长、历史教研组全体教师。会议由历史组教师秦梦瑶主持。

会议正式开始前，秦梦瑶介绍了工业文化教育基地的具体情况。华中师范大学中国工业文化研究中心是国家工信部工业文化发展中心与华中师范大学共建的工业文化研究机构，主要从事工业文化基础理论研究，并开展相关教育活动。为推进工业文化教育，中心遴选若干学校与机构建立工业文化教育基地。目前在高中段，2018年中心在福建省福州第二中学建立了工业文化教育基地，开展了一系列别开生面的工业文化选修课程。此次中心与青岛实验初级中学的合作，在初中段尚属首次。

会议伊始，安扬副校长发表了讲话。安校长首先对华中师范大学严鹏副主任和青岛市教科院陆安教研员的到来表示了热烈欢迎。安校长表示，工业文化教育基地的建立能够为该校的发展提供新的平台，能够拓宽教育视野，为老师们提供了教育理论提升的机遇。陆安教研员是历史教育教研方面的专家，在全国的历史教学领域颇有影响，可为工业文化教育基地的建设提供高效的指导，同时能为相关历史教研活动的开展提供强有力的保障。

严鹏副主任肯定了此次基地建立的重要性，表示工业文化凝结着制造业的时代精神，是制造业的灵魂，大力发展工业文化，是提升中国工业综合竞争力的重要手段，而发展工业文化离不开教育。坐落在美丽海畔的青岛实验初中拥有一批实力强大的领导班子和教师队伍，热衷于对课堂教学的探索，立足于丰富和开拓学生的视野，这为基地的建设和发展提供了强有力的保障。

陆安教研员从“远见”“基础”“赋能”三个方面发表了讲话。他肯定了青岛实验初中近年来在历史课程教学探索方面所取得的优异成绩，对该校未来在工业文化教育基地方面的建设寄予了厚望。

随后，中心与学校代表举行了共建工业文化教育基地的签约仪式。

图 4　青岛实验初级中学签约仪式现场

十三　“海上丝路·世界遗产·工业文化——中国泉州工业遗产保护与传承研讨会”

2020 年 6 月 14 日上午，“海上丝路·世界遗产·工业文化——中国泉州工业遗产保护与传承研讨会”在福建安溪铁观音集团党建二楼隆重召开。本次会议拟从海上丝路与世界遗产的角度审视工业文化，研讨泉州工业遗产的保护与传承，厘清中国工业文化与中华优秀传统文化的关系，探讨将工业遗产融于工业文化研学与工业旅游的机制，为中国工业遗产事业做出新的贡献。华中师范大学工业文化研究中心严鹏副主任担任会议主持，工信部工业文化发展中心工业遗产研究所周岚副所长、复旦大学历史系朱荫贵教授、泉州市工信局局长黄国富、安溪县吴志朴副县长、安溪铁观音集团董事长刘纪恒等各单位专家领导共 23 人出席会议。

会议上，吴志朴副县长做发言致辞。他向与会人员普及了安溪铁观音的历史源流与产业状况，充分肯定了茶厂遗产具备的历史、科技、社会与艺术价值，并表示将支持该厂保护与利用工业遗产，为弘扬泉州茶文化贡献力量。黄国富副局长表达了自身与铁观音茶的深厚感情，对铁观音茶厂在过往岁月中的奋斗经历表示充分的肯定。随后，周岚副所长做主题发言。她表示集团负责人追逐理想，推广茶文化的奋斗精神令她感动，对安溪茶厂的工业文化价值给予充分认可。朱荫贵教授表示，该厂在众多茶厂中具有典型性和

图 5　泉州会议与会代表合影

代表性，但是有几点可以继续改进，如对茶厂在 1952 年前的历史发展作简单铺叙，突出几个重要的历史发展时期茶厂的特色等。华中师范大学工业文化研究中心研究员、福州二中历史教师陈文佳立足自身职业，认为茶厂在未来可以充分结合校内学习和校外实践两种教学方式，借助工业研学模式进行宣传与推广，并落实劳动教育。这一点也得到了华侨大学张博锋老师的认可，他认为集团领导可以加强与广大学子的互动，通过讲学等方式密切学校和茶厂的互动交流。此外，中国林业联合会生态茶与咖啡分会朱仲海秘书长、华侨大学张家浩老师也对茶厂的进一步发展提出了他们的宝贵意见。

会议最后，主持人严鹏副主任对各位专家领导的发言表示感谢，并对会议内容做简单总结，会议至此圆满结束。

为工业文化“招兵买马”

——追忆章开沅先生

严　鹏*

2021年5月28日，中国近代史研究领域的大师、华中师范大学老校长章开沅先生仙逝，我再次回忆起与章先生交往的点点滴滴，重温章先生对工业文化事业的鼓励，感到有必要记录下这不为他人所知的历史。而这段历史，也见证了中国工业文化事业的发展。

2003年，机缘巧合之下，我考入华中师范大学历史学基地班。高中时期的我，看课外书的时间比做题的时间多得多，那时兴趣繁杂，对现在多少已经“过时”的现代化问题兴味盎然。彼时宽带未兴，中国家庭还以拨号上网为主，我曾经找到过一个现代化研究网站，上面说华中师范大学的章开沅教授主持的机构也是国内现代化研究的重镇之一。作为一个武汉的高中生，了解到自己的家乡竟然也有现代化研究机构，欣喜不已。这是我初识章先生之大名吧。后来以高分考入当时尚非“211”的华中师范大学，虽别有因缘，但心里总念着章先生与现代化研究，对未来的求学生活不无憧憬。

不过，百年校庆之际入学的我，本科四年很难接触到章先生，和现代化研究相关的课，倒是上过两门，一门是世界史的揭书安老师教的，一门是中国近代史研究所的郑成林老师开设的。或许，郑老师的课，就是与高考前的憧憬最近的距离了。大三那年，选了业师彭南生老师当导师，彭师乃章先生

* 严鹏，华中师范大学中国工业文化研究中心。

高足，由此倒也能算是章门“徒孙”了。此后一路留在桂子山读硕读博，虽无缘亲近章先生，但《张謇传稿》《辛亥革命史》一一读过，受章先生倡导的史学“原生态”理念的影响，也一直注重立足原始档案研究中国近代史。学术之传承，原不必依恃人际关系，但求精神而已。

2013 年留校入中国近代史研究所工作，见章先生的机会多了，但每次偶遇老先生到所中上班，我总不忍打扰。毕竟，自己也没有特别的问题和具体的事宜去烦扰章先生。初入职时，岁末年终尚在集体聚餐中与章先生同席过数次，可惜那时我成果不彰，在单位自然是没有什么存在感，也就未尝在餐桌上与章先生有所互动了。2014 年，蒙中国经济史研究领域的名家朱荫贵老师不弃，我得以进入复旦大学中国史博士后流动站做在职博士后。虽然是在职博士后，但我当时没有被安排给学生开课，也就长期待在复旦听课、做研究了。期间曾听闻学校给引进人才全额入职补贴，给留校的老师打个六折，虽未确证，但索性从此不关心这些事，一心常驻上海了。正因为如此，直到 2016 年博士后出站，我经常不在武汉，自难与章先生接触。值得一提的是，在此期间参与编辑《章开沅全集》，负责的是随笔、札记那一卷，由此精读了章先生的相关文章，对“史学的参与”和“参与的史学”印象尤深，也坚定了服务社会之心。

博士后出站后，我曾有机会去京沪 985 高校开始新的工作，但当时女儿刚出生，一线城市生活成本太高，我也懒得折腾。做博士后期间，自己在完成主业外，也凭着兴趣探索工业文化，不料正与国家政策相契合。2017 年 1 月，在工信部原总经济师王新哲同志的支持下，华中师范大学与工信部工业文化发展中心联合成立了中国工业文化研究中心，系国内高校中的首个工业文化研究机构，由彭南生副校长任主任，我作为常务副主任具体运营（另一副主任为工信部工业文化发展中心的孙星副主任）。中心也得到了学校社科处、历史文化学院、中国近代史研究所的大力支持。此事虽未惊动章先生，但章先生是国内研究张謇的开创性学者，而张謇又是中国工业文化的开拓者之一，历史的因缘，若有定数。

负责运营中心后，我曾读章先生口述自传中经营中国近代史研究所的内容，虽然小小的中心完全无法与教育部重点基地等量齐观，但在出书、办刊、办会、应酬周旋的筚路蓝缕中，更能体会章先生当年办所的企业家精神——就和张謇一样。章先生尝言：“对于一个高等院校的研究所而言，不可能全面铺开，只能根据自己的优势，在某些重要问题上重点突破。如此，才能做出自己的特色。”这几年，我在实践中，深感章先生此言乃具有战略眼光的宏论。工业文化虽是一个新概念和新领域，但内容丰富，体系庞大，华中师范大学的中心要做出自己的特色，不能跟风去追热点。因此，几年下来，我认为中心应该坚持用演化经济学和政治经济学夯实工业文化的理论基础，多做历史主义的产业、企业研究，发挥师范大学优势，把工业遗产研究落实于劳动教育、工业文化研学中。至于从前曾设想过的工业考古、工业文学等领域，虽不能说毫无牵涉，但还是敬待友校高明深入钻研吧。这虽是摸爬滚打后的感言，但不能不说也汲取了章先生的经验智慧。

未曾想到的是，因为工业文化，倒真的有了与章先生直接接触的机会。章先生的祖父章维藩，在近代芜湖开办了益新面粉公司，又投资于马鞍山的铁矿，可以说，与张謇同为中国工业文化的开拓者之一，是推动地方社会经济发展的企业家。益新面粉公司的办公楼得到完整保留，作为工业遗产被开辟为文化产业园区，在芜湖当地被亲切地称为“大砻坊”。由于这层渊源，章先生对于芜湖工业遗产的研究十分关心。2017 年 4 月 8 日，在章先生的交代下，由章先生的秘书刘莉老师安排，我在华中师范大学接待了芜湖市的相关领导，洽谈工业遗产的保护与利用事宜。当时本意大展拳脚，5 月去芜湖调研，不料久无下文。后来得知，或因当地领导调动，计划有变。工业遗产事业之实践，困难处往往超出外人想象。然而，华中师范大学中国工业文化研究中心并未放弃这一点位。2018 年 5 月 23 日，由中心牵头，华中师范大学中国近代史研究所与安徽师范大学历史与社会学院在芜湖共同举办了“近代工业文化遗产保护与研究”学术研讨会，章先生出席了会议并向家乡的单位捐赠了文物。当时，由于工信部的王新哲总师于同一时间来华中师范大学调研并举行座谈会，芜湖的研讨会遂由彭南生副校长全程操持，而我临时退了高铁票，留在武汉。尽管这次未能与章先生同赴芜湖，但章先生对工业遗产事业的支持，在学界产生了积极影响。

2019 年 7 月 1 日上午，常年出差的我，恰好在所里偶遇章先生，被叫去他的办公室，谈了近一个小时。这是我第一次和章先生直接接触。章先生为我讲述了他家族的历史，也谈到了对工业遗产的看法，特别还提出可以通过工业遗产发展旅游业，然后希望我能够在芜湖再办一次会议。那次见面之后，我产生了在芜湖与湖州各办一次会的想法，因为章先生的老家湖州，也有工信部评选的第一批国家工业遗产。不过，根据章先生的嘱咐，我决定先在芜湖办会。那年暑假，我异常忙碌，去日本与世界遗产富冈制丝厂建立了合作关系。开学后的9月2日上午，章先生又找到我，让我去他办公室，和我谈了40分钟。这一次的谈话就更加深入了。我也对章先生谈到等芜湖的会办完后，我还想在湖州办一次会的构想。章先生也特别介绍了他老家湖州的乡村建设与乡村旅游情况，令人心向往之。章先生对于城市老建筑与历史街区保护的思想其实是非常超前的，而对于企业史与企业家精神的研究，章先生自然也深有洞见。就在这次谈话中，章先生对我说，从彭南生师那里了解到工业文化研究中心主要由我一个人在运转，知道我的担子很重，他就拿他办近代史所的经历来勉励我，并鼓励我要“招兵买马”。这既令我感动，也令我增强了信心。当天下午，给本科生上完课后，我就奔赴机场，去福建参加工信部的国家工业遗产评选现场核查工作。在去机场的路上，喜欢在微信朋友圈喋喋不休的我发了一条状态：“上午章开沅先生找我聊了四十分钟，一方面勉励我好好干好今年底和工业遗产有关的重要工作，一方面也要我招兵买马。今天的课堂人数不到十五，意外地有点精英课堂的感觉了。我也不想生产大路货。一骑当千地战斗，以一当十地利用人力资源。”写到这里，感到遗憾的是，本着宁缺毋滥的原则，这几年我并没有大规模“招兵买马”，反倒是把几个能干的学生“剥削”得太厉害。就在当年11月27日，中心在芜湖与安徽师范大学历史与社会学院联合举办了“企业家精神与工业文化遗产：章氏家族与近代中国实业”学术研讨会。这次会议得到了工信部工业文化发展中心孙星副主任的大力支持，他在会上作了主题发言。复旦大学的朱荫贵师、南京大学的李玉教授、马钢集团代表朱青山先生等也作了精彩发言，华中师范大学中国近代史研究所的马敏所长作了具有理论高度的总结。遗憾的是，章先生由于身体原因，未能亲自与会，但会议群贤毕集，离不开章先生的号召。我还要指出的是，章先生的博士张晓宇，一直热心研究相关课题，积累有年，假以时日，必有大成果出。华中师范大学历史文化学院付海晏副院长对会议给予了极大的支持，刘莉老师和我的学生刘玥则负责包办了办会的琐碎事务，个中艰辛，也只有她们两人知道了。就在会议结束后的第二天，我就和刘玥，还有孙星副主任，又在北京开了工业文化研学会议，商讨标准与规范的制定问题。对于这种连轴转的工作状态，我不觉劳累。当时的想法，也是希望能将学术讨论会的成果，落实于研学教育的实践，从而实现章先生倡导的“史学的参与”。

现在回想起来，2019 年底真是踌躇满志。无论是理论研究，还是参与中央部委的政策制定，一切都有条不紊又快马加鞭地开展着，还与武汉的相关机构谈好了新建一个工业文化研学与劳动教育的中心，让经过了充分锻炼的学生刘玥去当主任，从而使华中师范大学中国工业文化研究中心能更聚焦于理论研究而非不乏琐碎的实务——这也算是践行章先生提出的“招兵买马”吧。然而，一场史无前例的新冠肺炎疫情，打断了历史的既定航程，小小的华中师范大学中国工业文化研究中心的命运，自然也随风摇摆。2019 年底的很多计划，或暂时或永久地搁浅了，作为左右臂膀的学生未能留武汉，疫情结束后，我也无缘再见到章先生。2020 年的 6 月 29 日，我去办公室处理一点事情，竟然收到章先生的赠书《走出中国近代史》，上面有他的签名：“严鹏存念　章开沅赠　2020 仲夏”当时恰逢办公室在梅雨季漏雨，我发了条朋友圈状态：“章先生一直对工业文化遗产事业鼎力支持。可惜，若非疫情，去年制订的一些计划是可以展开的。雨势汹汹，但办公室受损情况尚在容忍范围内吧。当然，不管是疫情还是汛情，没有什么阻力是不可粉碎的，时间而已。”这种豪言，还是收到章先生赠书后受到的鼓舞吧。据刘莉老师说，我是率先获赠这本书的人之一，我想，这并不是说我本人有多么重要，而是章先生对工业遗产的保护与利用、对传承实业精神、对发展中国的工业文化事业，寄予了厚望。就在 2020 年，我和学生陈文佳完成了一本小书《工业文化遗产：价值体系、教育传承与工业旅游》，其中以章维藩和张謇留下的工业遗产作为近代中国民族工业遗产的代表，认为其反映了近代实业家与地方记忆的关系，是工业文化成为地方文化一部分的典型。这部分内容，吸取了 2019 年芜湖会议的成果，也利用了章先生赠送的《手泽珍藏——章维藩函札手稿汇编》。现在想来，这本2021年暮春印出来的书，竟也成了对章先生的一个纪念。

与章先生的众多弟子还有那些交往甚密的各界人士比起来，我与章先生的交往，实在微不足道，原本不值一提。但是，在章先生生命最后的日子里，他能抽出时间来和我长谈，并签名赠书来鼓励我，我想，这对于章先生个人的学术生命史，想必仍是极为重要的，因为它反映了章先生对工业遗产、对工业文化的关注，以及支持。我追忆章先生，亦不为我个人，而是为中国的工业文化事业，存下一段片断却重要的历史。就在前几天，我指导过的学生、日本京都大学博士关艺蕾告诉我，世界遗产富冈制丝厂给华中师范大学中国工业文化研究中心寄了2020年的年刊，托她转交。曾经揭露南京大屠杀历史真相的章先生与日本进步学界结下了深厚友谊，在他的支持下，华中师范大学中国近代史研究所与日本的涩泽荣一纪念财团建立了合作关系，共同研究东亚的企业家精神。而今，中国工业文化研究中心与富冈制丝厂的合作，仍然在延续章先生开创的传统。章先生一直在思虑现代文明的危机问题，而世界遗产，恰恰呼吁着全人类共同应对无分疆界的挑战。继续将工业文化事业发展下去，对于渺小的我来说，也就是对章开沅先生最好的纪念。

2021年6月1日

稿 约

一、《工业文化研究》由华中师范大学中国工业文化研究中心主办，华中师范大学中国工业文化研究中心编辑。2017 年创刊，每年度出版 1 辑。

二、本刊为工业文化研究专业刊物，登载工业文化研究领域原创性的优秀学术成果，对基础理论研究、历史与案例研究以及政策与应用研究兼容并重。

三、工业文化内容丰富，本刊与华中师范大学中国工业文化研究中心特色相结合，常设专栏为：工业文化理论、工业史研究、工业遗产研究、工业旅游研究、企业家精神研究、工匠精神研究、工业文化教育研究、书评、文献翻译、工业史料等。从 2018 年起，本刊将于每年发布前一年度之工业文化发展述评。

四、本刊每年将选择一个或两个重点专题组稿，并适当刊载非专题稿件。

五、来稿字数不限。

六、来稿务请遵循学术规范，遵守国家有关著作权、文字、标点符号和数字使用的法律和技术规范。并请作者参照本刊已刊论文之格式调整注释等格式。

七、为便于联系，来稿请注明作者姓名、工作单位、职称、通信地址、电话、电子邮箱等信息。

八、稿件寄出后三个月未收到采用通知者，请自行处理。因编辑部人手有限，恕不回复未采用稿件之电邮。

九、稿件请寄电子版至：cicsco@ 163.com

图书在版编目(CIP)数据

工业文化研究 ：2021年. 第4辑，多样性的工业文化 ：红色基因与世界遗产 / 彭南生，严鹏主编 .— 上海 ：上海社会科学院出版社，2021

ISBN 978-7-5520-3761-6

Ⅰ.①工… Ⅱ.①彭… ②严… Ⅲ.工业—文化遗产—研究 Ⅳ.①T-05

中国版本图书馆CIP数据核字(2021)第263047号

工业文化研究 2021年第4辑
多样性的工业文化：红色基因与世界遗产

主　　编：彭南生　严　鹏
责任编辑：章斯睿
封面设计：黄婧昉
出版发行：上海社会科学院出版社
　　　　　上海顺昌路622号　邮编200025
　　　　　电话总机021-63315947　销售热线021-53063735
　　　　　http://www.sassp.cn　E-mail:sassp@sassp.cn
排　　版：南京展望文化发展有限公司
印　　刷：上海信老印刷厂
开　　本：710毫米×1010毫米　1/16
印　　张：12.5
字　　数：196千
版　　次：2021年12月第1版　　2021年12月第1次印刷

ISBN 978-7-5520-3761-6/T·001　　定价：88.00元

版权所有　翻印必究